我爱萌宠

汪汪

养狗第一课

刘榛榛　编著

中国纺织出版社有限公司

Contents

目录

第1章

成为一名合格的"铲屎官"，你准备好了吗？

你在网络上关注了很多宠物博主，看着他们和狗狗的日常安逸又愉快，于是，你也想养一只狗！可是，梦想很丰满，现实很骨感！养狗狗，特别是养一只小狗，并非易事哦。思考一下下面的问题，看看你是否真的做好了养狗的准备。

- 家里每个人都支持你养狗狗吗？
- 你家里有人对狗狗过敏吗？
- 如果你住在出租房里，室友和房东都同意你养狗狗吗？
  家人、室友和房东的支持非常重要，也是养狗的前提哦。
- 在狗狗被训练好之前，你能接受狗狗破坏家具和衣物吗？
  就算你给小狗买很多玩具，它也可能会咬坏你的鞋子。如果你对自己的家具或衣物特别珍视，也许该重新考虑一下养狗的决定了。

- 你做好了每天早上可能六点就被狗狗叫醒的准备了吗？

大多数狗狗的生物钟都非常准时，如果你是一个每天都必须睡懒觉的人，养狗之前得先考虑一下改变自己的作息了。

- 你每天有多少时间可以和狗狗一起玩耍、训练？
- 如果你常常不在家，如何解决对狗狗的照顾问题？

和养猫不一样的是，养狗会花费更多的时间。我们每天至少需要1~2小时和狗狗玩耍、训练或遛弯。小狗在没被训练好的时候更是需要非常频繁地带出门上厕所。如果你每天都起早贪黑，脚不沾家，养狗也许不那么适合你哦。

- 你是否认为用正确的方法对狗狗进行社会化训练是重要的？

狗狗的社会化非常重要，这可以增加它们的自信，帮助它们成长为一只不凶猛或不恐惧的狗狗。

- 你是否可以承担狗狗紧急的兽医费用？

食物、用品、美容和常规兽医费用（比如疫苗、驱虫等）是很多人都能想到的。但是很多狗狗都会在一生中遇到突发的紧急情况。为狗狗建立一笔单独的存款或购买宠物保险是非常必要的。

- 遇到不可控的意外时，你能否妥善地安顿狗狗，而不是遗弃？

哪怕我们做好了和狗狗在一起一辈子的打算，突如其来的疾

病或意外也可能让我们无法再照顾狗狗，你是否有一个值得
信赖的亲戚或朋友，愿意在意外发生的时候照顾狗狗？

如果思考完以上问题后，你认为自己有足够的时间、金钱和爱
心去养好一只狗，那么恭喜你，你即将和一个小生命开启一段奇妙
的旅程！

第2章

如何得到一只狗狗？

购买纯种犬

纯种犬品种介绍

狗狗按照成年后的体重可以分为小型犬（9.5千克以下）、中型犬（9.5~22.5千克）、大型犬（22.5~40.5千克）和巨型犬（40.5千克以上）。

小型犬	中型犬	大型犬	巨型犬
9.5千克以下	9.5~22.5千克	22.5~40.5千克	40.5千克以上

被美国犬业俱乐部（American Kennel Club，AKC）认证的犬种有近两百种，因为篇幅有限，在这里只选取一部分常见的犬种进行介绍。

需要注意的是，这里的好动系数和吠叫程度只是对某一品种的概括，仅供参考。每一只狗狗都是独特的，虽然基因对犬种的性格可能有一些影响，但真正决定狗狗脾性的因素还是后天的教育和成长环境。

吉娃娃

成年体重：不超过3千克

掉毛指数：偶尔

好动系数：中等

吠叫程度：高

一般寿命：14~16年

马尔济斯犬

成年体重：不超过3千克

掉毛指数：低

好动系数：中等

吠叫程度：中等

一般寿命：12~15年

玩具贵宾犬

成年体重：2~3千克

掉毛指数：低

好动系数：中等

吠叫程度：中等

一般寿命：10~18年

博美犬

成年体重：约3千克
掉毛指数：季节性
好动系数：中等
吠叫程度：中等
一般寿命：12~16年

约克夏梗

成年体重：约3千克
掉毛指数：低
好动系数：中等
吠叫程度：中等
一般寿命：11~15年

蝴蝶犬

成年体重：2~5千克
掉毛指数：季节性
好动系数：中等
吠叫程度：高
一般寿命：14~16年

小鹿犬

成年体重：3.5~4.5千克

掉毛指数：低

好动系数：中等

吠叫程度：高

一般寿命：12~16年

中国冠毛犬

成年体重：3.5~5.5千克

掉毛指数：偶尔

好动系数：中等

吠叫程度：中等

一般寿命：13~18年

迷你腊肠犬

成年体重：不超过5千克

掉毛指数：经常

好动系数：中等

吠叫程度：高

一般寿命：12~16年

哈瓦那犬

成年体重：3~6千克
掉毛指数：偶尔
好动系数：中等
吠叫程度：中等
一般寿命：14~16年

比熊犬

成年体重：5~8千克
掉毛指数：低
好动系数：中等
吠叫程度：中等
一般寿命：14~15年

波士顿梗

成年体重：5.5~11千克
掉毛指数：低
好动系数：中等
吠叫程度：低
一般寿命：11~13年

北京犬

成年体重：低于6.5千克

掉毛指数：季节性

好动系数：低

吠叫程度：低

一般寿命：12~14年

迷你贵宾犬（泰迪犬）

成年体重：4~7千克

掉毛指数：低

好动系数：中等

吠叫程度：中等

一般寿命：10~18年

西施犬

成年体重：4~7千克

掉毛指数：低

好动系数：中等

吠叫程度：中等

一般寿命：10~18年

杰克罗素梗

成年体重：4~7千克

掉毛指数：偶尔

好动系数：高

吠叫程度：中等

一般寿命：12~14年

迷你雪纳瑞

成年体重：5~9千克

掉毛指数：低

好动系数：中等

吠叫程度：高

一般寿命：12~15年

巴哥犬

成年体重：6~8千克

掉毛指数：经常

好动系数：中等

吠叫程度：低

一般寿命：13~15年

查理士王小猎犬

成年体重：6~8千克

掉毛指数：偶尔

好动系数：低

吠叫程度：中等

一般寿命：12~15年

西高地白梗

成年体重：7~9千克

掉毛指数：季节性

好动系数：中等

吠叫程度：高

一般寿命：13~15年

喜乐蒂牧羊犬

成年体重：6.8~11.5千克

掉毛指数：季节性

好动系数：中等

吠叫程度：高

一般寿命：12~14年

柴犬

成年体重：8千克（雌性）；
　　　　　10千克（雄性）
掉毛指数：季节性
好动系数：中等
吠叫程度：高
一般寿命：13~16年

可卡犬

成年体重：9~11千克（雌性）；
　　　　　11~13.5千克（雄性）
掉毛指数：季节性
好动系数：中等
吠叫程度：中等
一般寿命：10~14年

法国斗牛犬

成年体重：不超过13千克
掉毛指数：经常
好动系数：低
吠叫程度：低
一般寿命：10~12年

潘布鲁克威尔士柯基犬

成年体重：不超过12.7千克（雌性）；
         不超过13.6千克（雄性）

掉毛指数：经常

好动系数：中等

吠叫程度：中等

一般寿命：12~13年

比格犬

成年体重：不超过13.5千克

掉毛指数：季节性

好动系数：中等

吠叫程度：高

一般寿命：10~15年

卡迪根威尔士柯基犬

成年体重：11~15千克（雌性）；
         13.5~17千克（雄性）

掉毛指数：季节性

好动系数：中等

吠叫程度：高

一般寿命：12~15年

迷你美国牧羊犬

成年体重：9~18千克

掉毛指数：经常

好动系数：中等

吠叫程度：低

一般寿命：12~13年

惠比特犬

成年体重：11~18千克

掉毛指数：偶尔

好动系数：中等

吠叫程度：低

一般寿命：12~15年

标准雪纳瑞

成年体重：13.5~20.5千克（雌性）；

16~22.5千克（雄性）

掉毛指数：低

好动系数：中等

吠叫程度：中等

一般寿命：13~16年

新斯科舍诱鸭寻回犬

成年体重：16~22.5千克

掉毛指数：季节性

好动系数：高

吠叫程度：低

一般寿命：12~14年

斗牛犬

成年体重：18千克（雌性）；
　　　　　22.5千克（雄性）

掉毛指数：经常

好动系数：中等

吠叫程度：低

一般寿命：8~10年

英国史宾格犬

成年体重：18千克（雌性）；
　　　　　22.5千克（雄性）

掉毛指数：偶尔

好动系数：中等

吠叫程度：中等

一般寿命：12~14年

边境牧羊犬

成年体重：13.5~25千克

掉毛指数：季节性

好动系数：高

吠叫程度：中等

一般寿命：12~15年

葡萄牙水猎犬

成年体重：16~22.5千克（雌性）；

　　　　　19~27千克（雄性）

掉毛指数：季节性

好动系数：中等

吠叫程度：中等

一般寿命：12~13年

哈士奇

成年体重：16~22.5千克（雌性）；

　　　　　22.5~27千克（雄性）

掉毛指数：季节性

好动系数：中等

吠叫程度：高

一般寿命：12~14年

萨摩耶

成年体重：16~22.5千克（雌性）；
　　　　　22.5~29.5千克（雄性）

掉毛指数：季节性

好动系数：中等

吠叫程度：高

一般寿命：12~14年

澳洲牧羊犬

成年体重：18~25千克（雌性）；
　　　　　22.5~29.5千克（雄性）

掉毛指数：季节性

好动系数：中等

吠叫程度：中等

一般寿命：12~15年

标准贵宾犬

成年体重：18~22.5千克（雌性）；
　　　　　27~32千克（雄性）

掉毛指数：低

好动系数：中等

吠叫程度：中等

一般寿命：10~18年

维希拉猎犬

成年体重：20~25千克（雌性）；
　　　　　25~27千克（雄性）
掉毛指数：季节性
好动系数：中等
吠叫程度：中等
一般寿命：12~14年

中国沙皮犬

成年体重：20.5~27千克
掉毛指数：经常
好动系数：中等
吠叫程度：中等
一般寿命：8~12年

巴吉度猎犬

成年体重：18~29.5千克
掉毛指数：偶尔
好动系数：低
吠叫程度：高
一般寿命：12~13年

松狮

成年体重：20.5~31.5千克

掉毛指数：季节性

好动系数：中等

吠叫程度：低

一般寿命：8~12年

大麦町（斑点狗）

成年体重：20.5~32千克

掉毛指数：经常

好动系数：中等

吠叫程度：中等

一般寿命：11~13年

斗牛梗

成年体重：22.5~31.5千克

掉毛指数：季节性

好动系数：中等

吠叫程度：中等

一般寿命：12~13年

拳师犬

成年体重：22.5~29千克（雌性）；
　　　　　29.5~36千克（雄性）

掉毛指数：偶尔

好动系数：中等

吠叫程度：中等

一般寿命：10~12年

灵缇犬

成年体重：27~29.5千克（雌性）；
　　　　　29.5~31.5千克（雄性）

掉毛指数：偶尔

好动系数：中等

吠叫程度：中等

一般寿命：10~13年

柯利牧羊犬

成年体重：22.5~29.5千克（雌性）；
　　　　　27~34千克（雄性）

掉毛指数：季节性

好动系数：中等

吠叫程度：高

一般寿命：12~14年

美国猎狐犬

成年体重：27~29.5千克（雌性）；
　　　　　29.5~31.5千克（雄性）

掉毛指数：季节性

好动系数：中等

吠叫程度：高

一般寿命：11~13年

金毛寻回猎犬

成年体重：25~29.5千克（雌性）；
　　　　　29.5~34千克（雄性）

掉毛指数：季节性

好动系数：高

吠叫程度：低

一般寿命：10~12年

拉布拉多寻回猎犬

成年体重：25~32千克（雌性）；
　　　　　29.5~36千克（雄性）

掉毛指数：经常

好动系数：高

吠叫程度：中等

一般寿命：10~12年

阿拉斯加雪橇犬

成年体重：34千克（雌性）；
　　　　　38.5千克（雄性）
掉毛指数：季节性
好动系数：中等
吠叫程度：中等
一般寿命：10~14年

德国牧羊犬

成年体重：22.5~32千克（雌性）；
　　　　　29.5~41千克（雄性）
掉毛指数：经常
好动系数：中等
吠叫程度：中等
一般寿命：7~10年

杜宾犬

成年体重：27~41千克（雌性）；
　　　　　34~45千克（雄性）
掉毛指数：经常
好动系数：高
吠叫程度：中等
一般寿命：10~12年

英国古代牧羊犬

成年体重：27~45千克
掉毛指数：季节性
好动系数：中等
吠叫程度：中等
一般寿命：10~12年

可蒙犬

成年体重：36千克以上（雌性）；
　　　　　45千克以上（雄性）
掉毛指数：季节性
好动系数：中等
吠叫程度：中等
一般寿命：10~12年

大白熊犬

成年体重：38.5千克以上（雌性）；
　　　　　45千克以上（雄性）
掉毛指数：季节性
好动系数：高
吠叫程度：高
一般寿命：10~12年

伯恩山犬

成年体重：37.5~43千克（雌性）；
　　　　　36~52千克（雄性）

掉毛指数：经常

好动系数：中等

吠叫程度：中等

一般寿命：7~10年

秋田犬

成年体重：31.5~45千克（雌性）；
　　　　　45~59千克（雄性）

掉毛指数：季节性

好动系数：中等

吠叫程度：低

一般寿命：10~13年

罗威纳犬

成年体重：36~45千克（雌性）；
　　　　　43~61千克（雄性）

掉毛指数：季节性

好动系数：中等

吠叫程度：低

一般寿命：9~10年

西藏獒犬（藏獒）

成年体重：37.5~54.5千克（雌性）；
　　　　　41~68千克（雄性）

掉毛指数：季节性

好动系数：中等

吠叫程度：高

一般寿命：10~12年

纽芬兰犬

成年体重：45~54千克（雌性）；
　　　　　59~69千克（雄性）

掉毛指数：季节性

好动系数：中等

吠叫程度：低

一般寿命：9~10年

大丹犬

成年体重：50~63.5千克（雌性）；
　　　　　63.5~79千克（雄性）

掉毛指数：季节性

好动系数：中等

吠叫程度：中等

一般寿命：7~10年

🐾 养纯种犬之前需考虑的事

纯种犬的健康问题

值得注意的是，很长时间以来，众多犬舍俱乐部在制定品种标准的时候都将品种的外观放在首位，所以很多繁殖者为了能让狗狗达到理想的外观和体态，采用了近亲繁殖的方法，品种犬的健康被严重忽视了。久而久之，很多纯种犬都有着因为对外貌选择造成的直接或间接的健康问题。因为对短鼻外貌的追求，短鼻品种比如巴哥犬、拳师犬、波士顿梗、西施犬、北京犬、查理士王小猎犬等，大多有呼气困难、眼皮难以闭合、牙齿过于拥挤等问题；由于对大麦町（斑点狗）"斑点"的人为筛选，大麦町尿液中尿酸含量也比别的品种更高，其后果便是这些狗狗更容易形成尿酸结晶或结石，导致尿路阻塞。

为了狗狗的健康，除了在购买前做好功课，了解清楚该品种常见的健康问题外，主人一定要选择可以提供狗狗本身及家族基因检测报告的犬舍，不要购买来路不明的小狗。

选择一个合格的犬舍是挑选到健康狗狗的重要一步，如果一个犬舍不愿意提供小狗父母的相关信息，或是不允许主人现场、视频参观犬舍或拜访狗狗父母，都是值得主人警惕的。

关于整容手术

为了满足众多犬舍俱乐部对品种标准的要求，很多纯种犬都会被做和健康问题无关的整容手术。一些比较流行的手术包括给狗狗断尾及剪耳等。

断尾一般会在小狗出生2~5天在不用止疼药的情况下进行，具体操作是从两块骨头之间直接剪掉一段尾巴，或通过缠紧橡皮筋的方法让尾巴的一部分因为坏死而脱落。

支持断尾的人一般认为小狗的神经还没有发育完全，所以断尾是不疼的。然而这个说法是错误的。科学实验已经发现，包括断尾在内的一些整容手术不只会造成当下的剧痛，还可能造成长期的慢性疼痛（幻痛）。尾巴尖有幻痛的狗狗可能会有追咬尾巴的行为。

剪耳一般是在小狗6~12周岁时在麻醉的情况下进行。手术中狗狗的一部分耳朵会被剪掉，然后被固定在模具中，直到耳朵愈合并保持直立。虽然在麻醉过程中狗狗不会感到疼痛，但是麻醉也是有风险的，单纯为了和健康问题无关的整容原因进行剪耳，是不值得推荐的。

包括美国和加拿大在内的很多兽医协会都对整容手术提出了反对申明，认为它们既没有必要（对健康没有影响），又会给狗狗造成短期和长期的疼痛。在一些国家更是将整容手术全部禁止了。

和人不同，狗狗没办法为自己做决定，主人就更需要做它们成长路上的护航员。每一只狗狗都有自己独特的魅力，不需要为了"美"让它们去承受不必要的风险和痛苦。

🐾 领养狗狗

纯种犬、串串和田园犬介绍

　　遗憾的是，因为种种原因，很多曾经被主人宠爱的狗狗都遭受遗弃，流落街头或到了动物救助中心，等待着再一次有自己的家。

　　等待被领养的狗狗可能是纯种犬，可能是串串，也可能是田园犬，但它们都同

可爱的田园犬

样值得有一个可以爱自己一辈子的家！这时候你可能会好奇了，串串和田园犬不一样吗？它们有什么差异呢？

　　田园犬（土狗）是在人类聚集地周围自由繁殖、自由流浪的一种"犬种"。许多田园犬的种群在现代纯种犬被人类培育之前就有了。所以说，田园犬可以理解成一种单独的"纯种"犬，它们和传统意义上的纯种犬有着共同的祖先，但因为选育过程的不同（田园犬是自由交配，纯种犬是人工选育），它们成了和传统意义的纯种犬完全不同的一个分支。

　　田园犬在世界各地都有分布，不同的种群基因成分也有区别，我们常说的中华田园犬就是其中一个"品种"。

　　串串和田园犬是不同的，如果说田园犬算一种特殊的"纯种犬"的话，那串串就是"混血儿"。串串可能是品种不同的纯种犬的后代，也可能是纯种犬和田园犬的后代。

🐾 领养之前需要考虑的事

体检

　　和购买纯种犬之前需要查看狗狗父母的基因检测和家族的健康史一样，为了保证狗狗的健康，决定领养之前也需要为狗狗做一个体检，确保狗狗没有主人预料之外的疾病。

可能遇到的问题

　　因为在被领养之前，狗狗有着不同的生活经历，它们的性格也会不尽相同。一些狗狗可能会在刚到新家时表现出怕人、怕狗、怕爬楼梯、怕坐车等表现，这些都是正常的。我自己领养的狗狗在刚来家里的时候就因为害怕整整一周都没有离开过客厅。

　　耐心和鼓励是帮助这些狗狗走出心理阴霾的最佳方法。如果狗狗害怕你，你可以坐在地上侧面对着狗狗（避免直视），用温柔的语气和狗狗对话，并用食物引诱。应该避免强抱狗狗。如果狗狗害怕楼梯，可以在楼梯上铺上狗狗喜欢吃的东西，哪怕它只走了一阶楼梯也不要吝啬嘉奖，慢慢地，狗狗就会意识到楼梯并不可怕。如果狗狗害怕坐车，可以试着和狗狗一起坐在车里（不发动汽车），一边抚慰它一边喂零食。当狗狗不再那么害

爬楼梯

怕上下汽车时，可以在家附近（狗狗熟悉的环境）开车转一圈，然后给狗狗表扬和奖励。慢慢地，狗狗会把坐车和快乐的事情联系起来，就不再害怕坐车了。

我一直觉得，领养一只狗狗就像是照顾一个有特殊需求的孩童，我们的爱和耐心，可以帮助它做回那只快乐的狗狗。当你看到它开心地出门，着急地跳上汽车的时候，那种成就感是超级难忘且无价的。

🐾 领养幼犬

小狗小狗，大家都爱！呆呆的大眼睛，耗不尽的精力，让人怜爱得不行。可幼犬就像婴儿一样，需要大人无时无刻的关注，否则一不小心就会搞出一点破坏。

小狗憋尿的程度很有限，一般来讲，一个月的狗狗可以憋尿一小时，两个月的狗狗可以憋两小时，以此类推。为了狗狗的健康，不建议让狗狗憋尿超过8小时。因此，在狗狗还小的时候，主人需要频繁地带狗狗出去方便，否则狗狗就会在家里尿尿或拉粑粑。如果你是一个非常忙碌的上班族或家里本来就有一个年幼的婴孩，领养幼犬可能不太适合你哦。

小狗因为旺盛的精力和好奇心，很容易啃咬一些不该吃的东西，比如橡胶、皮鞋等，主人一定要加倍小心，鼓励狗狗去玩那些健康安全的玩具。

领养成年犬

很多人不太喜欢领养成年犬，理由是无法体会把狗狗一手养大的成就感。然而，领养成年犬确实有很多与领养幼犬的不同之处。

第一，和幼犬需要不停地上厕所不同，成年犬的憋尿能力更强，如果你是一个繁忙的上班族，领养成年犬会是一个更好的选择。

第二，成年犬因为已经过了磨牙、换牙阶段，它们一般不会再像幼犬一样乱啃你的家具、鞋子和皮包了。

第三，看着小狗慢慢长大固然珍贵，但是看着一只无家可归的成年犬在自己身边慢慢走出心里阴霾，重新开始信任人类、找回自信，也是一段让人非常难忘的记忆！

为什么领养需要收费？

领养该不该收费是一个一直被讨论的话题。有人认为，如果领养都要收费了，那还不如直接购买纯种犬。

为什么领养狗狗要收费呢？

- 帮助救助中心和救助人更持续地救助更多的动物。

  救助动物是需要花钱的，狗狗的吃食、看病费用，包括救助中心的人员工资，都需要花钱，没有收入的救助中心是很难维持的。

- 让领让人意识到，领养狗狗需要负责任。

  太容易得来的东西常常得不到珍视，领养狗狗也存在同样的问题。

  为什么我们还要考虑领养呢？

  你在救助一个鲜活的生命，这个生命因你而得到了延续，得以体验爱，这种自豪感是无法通过购买获得的。

  相比于购买纯种犬，领养狗狗其实省了很多费用。在正规的救助中心，待领养的狗狗都是打好了疫苗，做好了体检，植入了芯片，并且绝育了的。

  每一只狗狗都值得被爱，请给它们一个机会吧。

第3章

狗狗身体健康最重要

🐾 疫苗

　　带狗狗打疫苗是每个"铲屎官"都会经历的事情，接下来就让我们一起学习一下关于狗狗打疫苗的知识吧！

打疫苗

为什么要给狗狗打疫苗？

　　注射疫苗是用失活或毒性衰减的病原，来激活机体的免疫系统，从而让狗狗的身体产生可以"杀死"这个抗原的抗体，以形成免疫记忆。也就是说，疫苗注射是对身体免疫系统的锻炼，目的是在面对真正的"敌人"时能够迅速地强劲出击！正是因为这个原因，给狗狗注射疫苗可以起到预防疾病的作用，这样狗狗不易患病，主人也可以省下一大笔治疗费用。

另外，一些导致疾病的病原不仅可以感染狗狗，它们也可能感染人类及其他动物，使疾病得以在野生动物、宠物、人类之间传播。比如犬瘟热病毒就可以由别的患病动物传染给本来健康的狗狗。而狂犬病则可以通过患病的狗狗传染给人类。因此可见，给狗狗打疫苗不只是在保护狗狗，也是在保护主人自己！

为什么小狗刚出生时不能打疫苗？

既然疫苗如此重要，为什么不能在小狗一出生就打疫苗呢？刚出生的小狗更需要被保护啊！狗妈妈也知道这一点，它们的初乳里饱含抗体。当小狗喝下第一口奶时，其中的抗体会进入小狗体内，起到保护作用。在负反馈作用下，母体的抗体会抑制狗狗的免疫机制，哪怕在这时注射疫苗，来自妈妈的抗体也会使小狗无法产生自身抗体。另外，在这时注射抗原，也可能被母体抗体直接"杀死"。因此，小狗刚出生时注射疫苗，起不到锻炼免疫机制的作用。

因此，小狗最佳的免疫时间是在其体内母体抗体较少时，这时不再受高浓度母体抗体抑制，小狗可以产生自身抗体，形成免疫记忆，以备不时之需。但是，也不宜太晚注射疫苗，因为当母体抗体开始减少时，狗狗也会更容易生病。

疫苗公司推荐的接种时间是考虑了这些因素的，所以各位"铲屎官"们一定要听兽医的话，按时带狗狗去接种疫苗哦！

DAPP疫苗

美国动物医院协会（american animal hospital association，AAHA）建议：

如果狗狗是在16周大之前接种第一针疫苗，应在6周大的时候接种DAPP疫苗（包含犬瘟+腺病毒2型+细小+副流感），然后每2~4周再接种一次加强疫苗，直到狗狗至少16周大。

如果狗狗是在16~20周注射的第一针疫苗，应该在第一次注射了DAPP疫苗之后，间隔2~4周后再注射一次加强疫苗。

如果狗狗在20周之后才注射的第一针疫苗，那么只注射一次DAPP疫苗就可以产生足够的免疫力了。

当小狗按照以上的时间表注射完最后一针DAPP疫苗时，应该在注射最后一针的一年内再次免疫一次。在此之后，只需每3年左右注射一次DAPP疫苗就可以啦。

狂犬疫苗

根据AAHA的建议，第一针不应在12周之前注射。无论狗狗的年纪如何，第二针应该在注射完第一针后的一年内完成。之后，根据当地的要求和疫苗的有效期限（1年或是3年）完成免疫即可。

除了以上这两种非常必要的疫苗外，根据狗狗的生活习惯，你可以和兽医讨论一下是否应该注射以下疫苗：

犬舍咳（bordetella）疫苗：如果你家狗狗经常去有很多狗集会的地方，比如狗狗寄养中心，注射这个疫苗是有必要的。

钩端螺旋体病（leptospirosis）疫苗：钩端螺旋体病是一种细菌性疾病，主要是通过接触被感染了这个病毒的动物尿液污染过的水、泥土或食物造成的。如果你家狗狗特别喜欢喝脏水，一定要告诉兽医，因为它可能需要注射这类疫苗以预防疾病的发生。

为什么小狗需要按时注射疫苗呢?

小狗的免疫系统还没有完全发育好，只注射　针疫苗是不够免疫系统产生足够的抗体来保护狗狗的，这时候如果注射一针加强疫苗，免疫系统会以更快的速度产生更多的抗体，因此，小狗往往需要在不同的时间段内注射一疗程的疫苗，帮助免疫系统得到充分锻炼，在真正危险到来时保护狗狗。如果没有按时注射加强疫苗，或者没有注射完一个疗程，免疫系统就可能无法产生完整的免疫力，让狗狗更容易染上疾病。

因此，作为主人的你一定要听兽医的话，按时带狗狗接种疫苗哦!

疫苗有副作用吗?

和人类注射疫苗差不多，很多狗狗在注射完疫苗之后也会或多或少有一些反应，比如局部肿胀、轻度发烧、食欲降低、活动量减少等。需要注意的是，这些反应并不代表疫苗本身让狗狗得病了!

这些类似患病的表现是由于身体免疫系统在注射疫苗后进行"免疫训练"导致的，这说明疫苗在起作用！一般来说，这些症状在疫苗注射后的一两天内就会消失。

但是在少数情况下，有些狗狗也可能产生强烈的不良反应，比如不间断地呕吐、腹泻、身体瘙痒、水肿、呼吸困难等。如果狗狗在注射疫苗后出现了这些症状，一定要及时联系兽医寻求帮助。

体检

给狗狗做必要的体检可以帮助我们在疾病初期就发现问题。早发现，早治疗，治疗费用更少，治疗难度会更小，狗狗康复的可能也更大。根据狗狗的年龄和身体情况，需要体检的项目和频率会有一些差异。体检项目一般包括疫苗免疫、查血、听诊、触诊，以及检测粪便中的寄生虫、验血等。

对于幼犬来说，因为疫苗间隔的需求（6~16周龄），狗狗需要隔几周就去一次医院。狗狗一生的健康要从幼犬时期抓起，每次去宠物医院都是主人咨询兽医的好机会哦。

等狗狗完成幼犬免疫及绝育后，1~7岁的成年犬可以一年体检一次。而8岁以上的狗狗因为年龄比较大，建议至少半年做一次体检。具体的体检频率和项目，主人可以和狗狗的兽医沟通，根据个体情况而定。

👣 口腔

作为人类的我们，每天刷牙两次、用牙线、用漱口水，却依然会被牙病困扰。宠物同样也会遭受牙病的折磨，口腔问题更会影响狗狗的全身健康。但宠物无法照顾自己，一切都托付给了自己的"铲屎官"。

所以作为主人的我们，一定要肩负起保持狗狗口腔健康的重任！

乳牙与恒牙

和人类一样，狗狗也是先有乳牙，再换成恒牙。乳牙在狗狗大约3周龄的时候开始长出，在大约6周龄的时候全部长齐。幼犬的乳牙一共有28颗，恒牙有42颗，与恒牙相比，乳牙更小更细。当狗狗3~4个月大的时候，恒牙会开始逐渐取代乳牙，在6~7个月大的时候，大部分狗狗会长齐所有的恒牙。

有一部分狗狗，特别是小型犬和短吻犬（短鼻扁脸），如巴哥犬、西施犬、北京犬、斗牛犬、波士顿梗、拳师犬等，容易出现乳牙驻留的情况，简而言之，就是乳牙在恒牙长出来之后并没有脱落。乳牙驻留会给狗狗的口腔健康造成很多不良影响。拥挤的牙齿更容易造成食物残留，形成牙菌斑，乳牙驻留还会影响恒牙和周围牙齿的正常生长，给狗狗造成疼痛。所以，如果发现了乳牙驻留的情况，主人一定要尽快带狗狗就医，医生可能会把残留的乳牙拔除，给恒牙的健康生长留出位置。

在换牙期间，狗狗的口腔可能会有些不适。狗狗可能会流口水，并且喜欢咬东西。这时主人需要给狗狗提供一些软硬适中的、适合狗狗的玩具。不要给狗狗太硬的玩具，比如牛角或骨头（生的或熟的），这类玩具可能会让狗狗磕坏牙齿，造成口腔创伤、堵塞或划伤胃肠道，到时候再做手术就得不偿失啦！有一个简单的准则：如果你的手指甲不能在玩具或零食表面摁下指印，那这个玩具或零食就太硬了，不适合给狗狗玩耍或进食。

如何给狗狗刷牙？

宠物进食后，在残留食物、唾液、细菌的作用下，会在牙齿表面形成牙菌斑。

牙菌斑是一种有些偏黄的黏稠物，在刷牙后的4~12小时内开始形成。其中的细菌会产生有害物质，损害牙齿表面的牙釉质，导致蛀牙。如果没有及时刷牙将牙菌斑清理掉，狗狗

刷牙

的口腔不但会发臭，牙菌斑停留太久还会形成牙结石（牙结石需要专业兽医清洁），如果任由牙结石积累，可能会导致更严重的牙龈疾病。

这就是我们需要给狗狗刷牙的原因了！

给狗狗刷牙要选择宠物专用的牙膏，也要关注牙膏的口味。比如很多宠物更喜欢鸡肉味或牛肉味的牙膏，而不是薄荷味。猫狗或多或少对刷牙都会有点抗拒，所以选对牙膏口味非常重要哦。

一定不要使用人类牙膏！因为人类牙膏中的有些物质是不可以吞食的。一定不要直接使用苏打粉或含有木糖醇的产品！因为苏打粉的碱性会引发宠物的肠胃不适，如果过量摄入还会造成生命危险；而木糖醇对猫狗是有毒的。

一句话总结，安全性和适口性是选择牙膏的关键！

刷牙的工具：可以选择宠物专用牙刷、柔软的儿童牙刷、指套牙刷或是纱布。有的狗狗不喜欢牙刷的触感，但是却可以接受主人的手指；有的狗狗的偏好又刚好相反。所以作为"铲屎官"的我们一定要会灵活变通，投其所好。

训练刷牙：训练刷牙的时候先给狗狗一些牙膏品尝，如果它们很喜欢牙膏的口味那你就成功一半啦！接下来，可以先用牙刷蘸着牙膏接触狗狗的牙齿，然后立刻使用正强化的方法给它们一些零食作为奖励！如此重复并强化，刷牙的力度也由轻到重，狗狗就会越来越接受刷牙了。一定要循序渐进，要有耐心，不要急于求成哦！

一般来讲，犬齿和偏后的臼齿是很容易积累牙菌斑的，在刷牙时尤其要注意。很多动物不接受刷内侧牙齿，这也没有关系，因为它们的舌头可以起到一定的"刷牙"作用，我们只刷牙齿外侧也是可以的。

洁牙棒怎么选？

如果狗狗不愿意刷牙，喂食洁牙棒也能起到一定的洁牙作用。很多主人可能会以为喂狗吃骨头是洁牙的好方法，其实不然。虽然实验上确实有数据显示啃骨头可以减少牙结石，但喂食骨头的风险远远高于可能的好处，比如损伤牙齿和牙龈，卡在食道，引起胃穿孔，甚至导致死亡等。

市场上有很多高质量的可食用洁牙棒，它们硬度适中，既可以帮助维持口腔健康，也可以避免啃骨头带来的危险，不失为一个好选择。

有洁牙作用的宠物粮

把洁牙操作融入每一口狗粮中，也是很好的选择。一些宠物食品公司开发了专门针对口腔健康的粮食。这些宠物粮由特殊的原料制成，狗狗吃的每一口粮食都可以起到"刷牙"的作用。

洁牙狗粮

宠物漱口水有效吗？

对人类来说，仅仅靠刷牙维持口腔健康是不够的，我们还需要使用牙线和漱口水。宠物也是如此。正规宠物漱口水中的一些酶可以减少牙菌斑的形成，有利于保护那些牙刷或洁牙棒触及不到的地方，对不愿意刷牙的狗狗也有效果。

但是市面上宠物漱口水的质量参差不齐，有的甚至含有对狗狗健康有害的木糖醇，大家一定要注意鉴别。

值得注意的是，无论是使用牙膏、牙刷、漱口水还是洁牙棒，它们都只能延缓口腔疾病的发展，对于已经存在的口腔疾病，还是需要兽医的帮助才能得到根本上的改善！

如何选择产品才能保证安全性和有效性呢？

VOHC的诞生

市面上针对宠物的护齿产品繁多，并不是每个产品都如广告所说的那样有效。兽医领域的专家们也意识到了这一点，为了多给宠物主人一些安心和信

VETERINARY
ORAL HEALTH COUNCIL
VOHC
Accepted ®

心，他们创立了兽医口腔健康委员会（veterinary oral health council，VOHC）。如果一个产品在实验中证明了其效果确实满足商家做的

声明（如可以减少牙菌斑，减少牙结石），并通过了VOHC的审核，这些产品就可以在包装上印上VOHC的标志。出于对安全性和有效性的考虑，我建议每一位"铲屎官"最好购买经过VOHC认证的产品。

COHAT是什么？

如果你家宠物已经有很严重的口腔疾病，刷牙只会增加狗狗的疼痛，拖延治疗更会加重病情。就算我们做好了所有预防，疾病依然可能会产生。因此和人一样，每年带狗狗去专业兽医处做一次"完整的口腔健康评估和治疗"（a comprehensive oral health assessment and treatment，COHAT）非常重要。

无麻醉洁牙，真的更好吗？

近年来越来越多的地方开始推广"无麻醉洁牙"。五花八门的广告看着确实诱人。然而它们真的更好吗？答案并非如此。

狗狗不同于人类，它们并不懂得在医生进行口腔检查和治疗的时候保持不动并张大嘴巴。面对陌生人想要摆弄自己口腔的行为，许多狗狗都是没法接受的，紧张、害怕和不解，很容易让狗狗产生应激反应，狗狗稍微一动就可能被尖锐的检查机械伤到口腔。除了肉眼可以看到的牙齿，还有很大一部分的牙齿结构在牙龈线以下，因为狗狗的不配合，这些结构是通过无麻醉洁牙检查不到的，这种洁牙只能让狗狗的牙齿表面美观。

相比较下，在正规医院进行的麻醉洁牙或检查，不仅会清洁肉眼可见的牙齿，还会检查牙龈以下的结构。而更深处的牙根则可以通过牙齿X光片来检查。麻醉后的狗狗更方便医生检查，能得到更好的治疗。

最后，祝各位"铲屎官"的狗狗们都能拥有一口洁白又强壮的牙齿！

👣 眼睛

狗狗的眼睛和人类的眼睛有很多相似之处，但也有不同。比如，当你在暗处打开闪光灯给狗狗拍照时，一定看到过它们两眼放出的有点唬人的绿光！绿光是闪光灯的光线照射到狗狗眼睛中一个叫作脉络膜的结构之后反光形成的。视网膜帮助狗狗看见世界，而脉络膜存在于视网膜之后，起到反光的作用，返回的光可以再次通过视网膜，帮助狗狗更好地在黑暗中看清事物。这也是狗狗在夜晚时的视力比我们更好的原因。

除此之外，狗狗的眼睛还有一个被称为"第三眼睑"（third eyelid）的结构。第三眼睑存在于双眼内侧，颜色为不同程度的棕色。在一般情况下第三眼睑不太明显，一旦发现它发红、肿胀，一定要带狗狗去看医生哦。

因为生理结构的原因，某些品种的狗狗更容易患眼部疾病。短吻犬（短鼻扁脸）的品种，如巴哥犬、西施犬、北京犬、斗牛犬、波士顿梗、拳师犬等，它们有很大且突出的眼球，因此在很多时候眼皮无法完全闭合，导致眼球表面的眼角膜长期暴露在外，易导致不适或角膜损坏。一些长毛品种，如贵宾犬、西施犬、马尔济斯犬、比熊犬等，如果不及时修剪眼周的长毛，也可能会导致眼睛不适和感染。

狗狗患眼病时的症状和人类很像，表现为发红、发痒、眯着眼睛、眼泪及分泌物增加、眼珠浑浊等，也可能会表现出用爪子抓挠眼睛的行为。

除了眼病本身会导致眼睛问题外，一些身体其他部分的疾病也会影响到眼睛，比如糖尿病、高血压、牙病及某些癌症等。如果主人发现有异常，一定要及早带狗狗就医，早发现早治疗是治愈的关键。

🐾 皮毛

狗狗皮毛的状态取决于4个因素：狗狗的基因、食物中的营养、狗狗的健康状况及皮毛的护理。

因为基因的原因，不同品种狗狗的毛发生长周期也有所不同。一些狗狗如贵宾犬、比熊犬等的毛会持续生长且不掉毛。这类狗狗需要定期修剪毛发，否则就会长成"一把拖把"。还有一些狗狗如哈士奇、柯基、德国牧羊犬等，则会在春秋两季大规模换毛，平时也可能少量换毛。一些常见品种的换毛频率和程度，可以在书中

"品种介绍"那里查看哦。

　　除了基因原因，食物中的营养也会影响狗狗的皮毛状态。为了维持狗狗皮毛的健康，适当比例的蛋白质、脂肪、矿物质、维生素和能量非常重要。因此，主人不但需要为狗狗选择营养均衡且全面的粮食，还需要喂足够的份量（具体需要喂多少会在"狗以食为天"中讲到）。

　　许多研究发现，如果食物中的脂肪含量高，狗狗的皮毛也会更亮泽。然而需要注意的是，并不是所有狗狗都能吃高脂肪的食物（比如有胰腺炎的狗狗不宜吃太多脂肪）。过量的脂肪还可能导致狗狗肥胖（因为脂肪的热量很高）或腹泻。

　　皮毛状况也能反映狗狗的健康状况，比如高压力、一些代谢类疾病、过敏、体内外寄生虫、癌症等。如果主人发现自家平时不怎么掉毛的狗狗开始"疯狂抓挠"并掉毛，平时皮毛很顺滑的狗狗突然变得毛质又粗又干，主人一定要重视并及时带狗狗就医。

🐾 梳毛和洗澡

　　很多人都知道，一些长毛的狗狗需要每日都梳毛，否则毛发会打结，既不好看，也会给狗狗带来不适。其实即使是短毛狗，经常梳毛也是有好处的！许多狗狗都很享受被梳毛的过程，所以"每日一梳"可以增进狗狗和主人的感情。除此之外，每日梳毛可以把一些浮毛在掉下来之前就清理掉，起到维持家里干净的作用。许多狗狗喜欢用嘴梳毛，不可避免地会吃掉一些毛发，经常梳毛可以避免狗狗吞食过多的毛发。另外，给狗狗梳毛的过程其实是检查狗狗身体的好时机，如果狗狗身上长了肿块，还有跳蚤、蜱虫之类的寄生虫可以及早发现。

　　除了梳毛以外，洗澡也是维持狗狗皮毛健康的重要一环。洗澡的频率取决于狗狗的生活习惯、皮毛类型及健康状况。一般来说，大部分的狗狗在皮毛变脏或产生异味儿的时候才需要洗澡。一般建议洗澡不要太频繁，4~8周一次的频率较好。如果洗得太频繁，会破坏狗狗的皮肤环境，可能导致皮毛过干或发痒。

洗澡

给狗狗洗澡只能使用狗狗专用的洗发液，不可以使用人类的沐浴液或洗发液。原因是狗狗的皮肤有着和人类不同的厚度和酸碱度，人类的沐浴液或洗发液对狗狗的皮肤来说浓度太大了。给狗狗洗澡的时候选用低敏无香味的沐浴液最佳，洗完之后用一点狗狗专用的护发素，可以帮助维持皮毛的柔顺，防止皮屑产生。

狗狗夏天剃毛，冬天穿衣，有必要吗？

要不要给狗狗在冬天穿衣，不能一概而论，因为品种不同、皮毛类型不同，狗狗的需求也不同。

- 皮毛很厚实的品种，如德国牧羊犬、哈士奇、阿拉斯加等，它们在冬天会换上一层更厚实的毛。对于这些狗狗，冬天穿衣就没有必要了，因为它们会给自己添减"衣物"。这些狗狗在夏天也会换上更清爽的"夏装"，尽管如此，热带地区的狗狗依然会"显得很热"。需要注意的是，狗狗的毛在夏天有"隔温"的作用，有助于保持狗狗的正常体温，如果把狗狗的毛剃得太短，它们天然的隔热降温系统会被破坏，反而更容易让狗狗过热。如果你家狗狗是长毛品种，将狗狗的毛稍微剪短一些但不要剃到皮肤，是个更好的选择。

- 皮毛较薄、毛短、个子小、不怎么换毛的品种，如吉娃娃、贵宾、惠比特犬等，冬天的保暖很重要，给它们穿件保暖衣是非常有必要的。

- 毛厚但是腿短的品种，如柯基，很容易肚皮着凉，冬天给它们制备一些可以保护肚子的衣物也很有必要。

- 老年犬体温控制的能力减退，如果同时患有关节炎等疾病则情况会更糟，这时候给它们选择一件温暖的冬衣也是有必要的。

另外，狗狗的身体不会出汗，虽然脚垫上有汗腺，但并不足以降低体温，调节体温主要是靠张嘴喘气。

🐾 耳朵

狗狗的耳朵同样非常重要，有了它们，狗狗才能听见主人的呼唤和食物落入狗碗时悦耳的声音。狗狗耳道的结构和人类不太一样。人的耳道是直的，而狗狗的耳道是L型的。L型的耳道让狗狗的耳朵更容易藏污纳垢，引起感染，清洁可以帮助狗狗保持耳朵的健康。需要注意的是，并不是所有的狗狗都需要清洁耳朵，如果你家狗狗的耳朵一直都很干净且没有异味，那就没有必要清洁。

清洁狗狗的耳朵不难，你只需要一瓶质量好的狗狗专用耳朵清洁液、一些棉球或纱布、一些奖励狗狗的零食就可以了！一般的清洁不需要选择含有过氧化氢或酒精的产品，因为这些成分可能会刺激耳道，引起狗狗不适。具体的操作步骤如下：

首先，你需要把清洁液挤入狗狗的双耳中，然后用双手按摩狗狗耳朵的根部大约30秒，这样可以帮助清洁液发挥。此后放手让狗狗甩头，有助于剩下的清洁液被甩出来。最后用棉球或纱布把狗狗的耳朵口清洁一下就可以了。为了避免损伤耳道，不建议主人使用棉签，在清洁的时候将棉球或纱布伸到手指可以达到的位置就可以了。

清洁耳朵的频率不需要太频繁，一般来说一个月一次即可。如果你家狗狗喜欢游泳或经常在泥地里打滚，它可能就需要更频繁的清洁了。

需要注意的是，如果狗狗的耳朵发红、肿胀、瘙痒或疼痛，这可能是炎症的表现，主人应该尽快带狗狗就医。

爪垫、指甲和悬指

夏季爪垫护理

在炎热的夏季，人行道、马路、汽车坐垫等温度较高。为了保护狗狗的爪垫，主人应该避免在高温时带狗狗外出（比如正午和下午）。我给大家提供一个检测地表温度是否过高的办法：把自己的手或赤脚放在表面，如果因为太烫而不能坚持10秒，就代表地面温度太高了，不适合带狗狗出门哦。

如果高温天气不得不带狗狗外出，主人应该尽量让狗狗在草地上行走，或给狗狗准备一双清凉鞋子来保护爪垫。

前文提到过，狗狗的爪垫上有汗腺，会出汗，所以如果给狗狗穿的是隔水不透气的鞋子，一定要在回家后尽快脱下来。

冬季爪垫护理

狗狗的脚可以耐受较冷的表面，包括雪和冰。理论上讲，对于一次半小时时长的遛弯来说，狗狗并不需要在气温下降的时候穿鞋，但穿鞋依然有它的好处。如果你住在经常下雪的北方，下雪之后撒的盐和地上的碎冰，都会对狗狗的爪垫造成威胁。给狗狗穿上一双合适的鞋，可以起到进一步保温和防止受伤的作用。回家之后，建议用温水清洗狗狗的爪子，防止盐和可能卡在脚趾缝里的碎冰持续伤脚。

修剪指甲

一般来讲，当你能听到狗狗跑步时指甲敲打在地上的嘀嗒声时，那就意味着该给狗狗剪指甲了。指甲太长会影响狗狗的行走和关节承重。

狗狗的指甲从外到内是由无神经（无痛）的指甲壳、充满神经（痛觉）和血管的粉色部分（血线）以及骨头组成。需要修剪的部分是无神经的指甲壳。

给狗狗剪指甲的装备五花八门，但中心思想就是一定要一小点一小点地剪！如果不小心剪到了血线，狗狗不但会流血还会很疼！很多主人都讨厌剪黑色的指甲，看不到血线，很容易会让狗狗受伤。但是不要过于担心，掌握了剪指甲的门道就不会再被难倒了！

在剪黑指甲的时候，需要仔细关注横切面，如果只能看到上方黑色和下方白色，就说明还可以继续剪，当能看到灰粉色时，就应该停止修剪，否则就会剪到血线了。如果在家给狗狗剪指甲时不小心剪到了血线，可以用淀粉来止血。

许多狗狗不喜欢被人触碰脚爪，所以主人一定要耐心地让狗狗将触碰脚爪和指甲刀与开心快乐的事情（比如奖励、零食）联系起来。

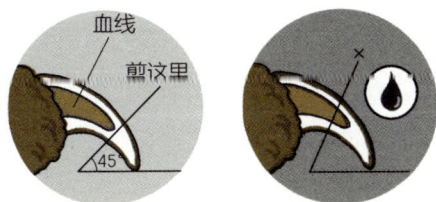

剪指甲

断甲该不该做？

给狗狗断甲是在国内兴起的一股"美容"热潮，其中心思想是在宠物美容院里由美容师将狗狗的指甲剪到很短，剪过血线，出血之后再用止血粉止血。如此反复修剪，以达到将血线向后推移的目的。

支持断甲的人表示，如果狗狗指甲太长，不但会在走路时发出难听的嗒哒声，过长的指甲还会影响狗狗骨骼的承重和发育。他们认为断甲虽然有一定疼痛，但它是有必要的。前文我们讲过，血线附近有神经存在，有神经就有痛觉，人们常用"十指连心"形容那种钻心的疼痛，对于狗狗也是如此。血线供养着整个指甲，丰富的神经也使得血线有着非常敏感的痛觉。尽管疼痛过一段时间就会消失，但狗狗对剪指甲的恐惧却会伴随终生。断甲之后，你如果还想给它剪指甲哪怕只是触碰它的爪子，都将是非常困难的。

断甲的"好处"是真的吗？

指甲过长对狗狗来说确实不好，可能会影响狗狗承重的关节和韧带，对健康确实不利。断甲的目的就是将血线缩短，剪短指甲的长度。然而，要达到这些目的，不用断甲也是可以做到的！

如果狗狗长期不剪指甲，血线可能会变长。但是，经常修剪狗狗的指甲（只剪无神经部分），比如每周一次，再加上多鼓励狗狗跑动，血线是可以自行退后的。我们可以用无痛的方式达到缩短指甲长度的目的。

悬指该不该手术切除？

许多狗狗在前爪的位置会长有一根看似多余的脚趾，它一般不会着地，也不会给狗狗的生活造成不良影响。前爪的悬指连接着韧带和骨头，在狗狗快速转弯或落水爬出时，有帮助狗狗稳定身体的作用。有的狗狗还会在啃洁牙棒的时候用前爪的悬指来抱住食物。所以，狗狗前爪的悬指有自己的功能，一般来说是不需要手术切除的。

但是有少部分狗狗在后爪的位置也有一个悬指，这个悬指非常松动，不连接着别的骨头或韧带，除了可能挂到东西让狗狗受伤外没有什么作用。所以，如果狗狗有非常松动的后爪悬指，建议尽早通过手术切除哦。

寄生虫

狗狗体内的寄生虫有很多种，常见的有蛔虫、绦虫、钩虫、鞭虫及心丝虫。

- 蛔虫卵可以随着被感染的狗狗的粪便排到环境中，如果被健康的狗狗吃下去，蛔虫就会生活在狗狗的肠道里。如果蛔虫数量太多，狗狗的生长和消化系统都会受到影响。

- 绦虫并不能像蛔虫一样通过粪便传播，它需要借助中间宿主才能感染到狗狗，比如跳蚤。如果狗狗吃了感染了绦虫的跳蚤，它就有可能被绦虫感染。这就是杀灭跳蚤可以预防绦虫的原因。除了跳蚤之外，有一种绦虫的中间宿主是野生小动物，比如老鼠和兔子。如果狗狗吃下了整只老鼠或兔子则可能感染。有趣的是，绦虫并不会通过兔子的粪便传播，所以就算你的狗狗吃了一整堆的兔子粪便，它也不会因此感染上绦虫。

- 钩虫，顾名思义，它们有着像钩子一样的嘴器，帮助它们挂在狗狗的小肠肠道里吸血。因此，过多的钩虫可能会造成狗狗贫血。

- 鞭虫存在于大肠内，可能会造成大肠受刺激和感染，导致狗狗腹泻、便中带血或体重减轻。
- 心丝虫和别的肠道寄生虫不一样，它存在于心脏和肺部的大血管中。心丝虫是通过被感染的蚊子传播的，如果狗狗被感染了的蚊子叮咬，则有可能感染上心丝虫。心丝虫过多会造成狗狗心脏供血困难，狗狗可能会表现出疲乏、咳嗽、消瘦等。

除了这些寄生虫以外，还有一个令人痛恨的疾病——莱姆病，由一种叫作鹿蜱的蜱虫传染的。患有莱姆病的狗狗可能表现出发烧、因为疼痛而跛行、呕吐、不想吃东西及疲乏等症状。

幸运的是，这些令人讨厌的寄生虫是可以预防的，为了防止被这些寄生虫感染，给狗狗吃适当的防虫药很重要。对于肠道寄生虫，除了吃驱虫药，还建议主人每年带狗狗做一次粪便检查，确保狗狗体内没有寄生虫。

🐾 绝育

绝育还是不绝育？这是让每个主人都有些头疼的问题。目前来看，如果你家狗狗不是繁殖犬，也没有身体原因不能做手术，绝育还是建议做的。

对于母狗来说，在第一次发情前绝育，可以将患恶性乳腺癌的概率降到0.05%。如果在第二次发情前绝育，依然有降低恶性乳腺癌的作用，可效果会减弱。但是无论何时绝育（手术移除卵巢和子宫），都可以预防卵巢和子宫疾病以及癌症。

对于公狗来说，绝育可以防止睾丸癌及一些前列腺疾病，对狗狗的攻击、游荡和在家中撒尿的行为，也可以有一定改善。

除了健康的好处，绝育也会提高狗狗整体的生活质量。但是绝育也不是没有风险的，比如麻醉和手术的风险。主人不应该将改善狗狗行为问题的所有希望都寄托在绝育上。和专业的狗狗训练员合作，是帮助狗狗改善行为问题的好方法。

关于绝育时机，一般的建议是，如果狗狗是小型犬，可以在大约6个月龄的时候绝育。如果狗狗是大型犬，因为有更长的生长周期，狗狗最好在发育完全之后再绝育，否则可能会影响狗狗的生长发育。对于公狗来说，9~15个月大的时候比较合适；对于母狗来说，这个决定会相对更难一些，一方面想在狗狗第一次发情前做绝育，以达到最好的预防乳腺癌的作用，另一方面想等狗狗完成骨骼发育后再绝育，我的建议是根据狗狗的具体情况和兽医沟通，一般6~15个月龄比较合适哦。

隐睾很危险吗？

正常情况下，公狗都有两个睾丸。但有的时候，有些狗狗可能只有一个明显的睾丸，而另一个可能长在非常规的位置上。一般情况下，隐睾本身不会对动物造成疼痛或不适，但如果放任不管，有可能会发展成睾丸癌或睾丸扭转（导致血液流通被阻断，引起器官坏死），所以如果怀疑自家狗狗有隐睾或是异位睾丸，主人一定要尽快带它们就医！

一般的治疗方式是通过手术将睾丸移除。如果隐睾难以被找到，医生可能会使用激素加速睾丸下降到阴囊，然后再通过手术移除。

隐睾不会影响动物的正常生育，除非两个睾丸都没有下降。然而隐睾或异位睾丸有遗传倾向，为了保证后代的健康，最好不要繁殖这样的动物。

🐾 给狗狗准备个楼梯吧

狗狗每日在床上、沙发上、汽车上跳上跳下，对脊椎的冲击不小。特别是一些体长腿短的品种，比如柯基、小腊肠就更容易背部受伤。除此之外，对于老年犬、患有关节炎或行动不便的狗狗来说，想要它们跳起是很危险的。为了保护狗狗的脊柱和关节，为它们置备一个稳定、防滑、承重及高度合适的"狗狗楼梯"很重要。

第**4**章

"狗"以食为天

🐾 狗狗吃什么最好?

狗粮

　　商家对自家狗粮品牌的宣传可谓是五花八门，没有受过相关训练的无辜消费者很容易被骗。为了让每一只狗狗都可以吃上更让人放心的粮食，我在这里给大家介绍一些基本的选粮方法！

狗粮

国产粮

　　国内对宠物食品是有相关规定的，满足国标《全价宠物食品　犬粮》（GB/T 31216—2014）是最基本的要求！国标主要对粮食中的一些成分和定义作出了规定，比如不同年龄段的狗狗对狗粮有不同的理化成分要求，国标中还规定了宠物食品应该满足的卫生指标。

宠物日常吃的主食一定要选择满足国标的全价粮，或遵医嘱喂食厨房动物食品。补充性食品只能作为零食，如果作为主食可能会导致狗狗营养不均衡。狗狗每日所需热量的90%都需要来自营养均衡且全面的主食，只有10%可以由零食提供。

进口粮

欧美国家为了规范宠物食品，保证宠物的健康，进行了很多规定，比如美国的美国饲料控制官员协会（The Association of American Feed Control Officials，AAFCO）和国家学术委员会（National Research Council，NRC），欧洲的欧洲宠物食品行业协会（The European Pet Food Industry，FEDIAF）。以下我们主要谈谈AAFCO。

如果一个宠物产品想在美国大面积销售，它就必须要有满足了AAFCO要求的声明。但是，如果这个产品只在美国的某些州销售，根据每个州的不同要求，有些产品不需要AAFCO声明；如果一个产品是在加拿大生产的并且只在加拿大境内销售，满足AAFCO也不是强制的要求。

综上所述，单看产品产地来判断是否营养全面是不靠谱的！不同体形、不同生活习性、不同年龄段的动物，对营养的需求是不同的。即使产品上写着满足AAFCO要求，它也不一定真的适合你家的狗狗。

什么样的产品才可以标注满足AAFCO要求，具体的声明应该怎么写，都是有严格规定的。作为普通的消费者，最需要关注的就是营养适当性声明。

什么是营养适当性声明?

AAFCO的营养声明有很多种,都有特定的格式。选购粮食的时候一定要仔细阅读,以判断产品是否适合自己的狗狗。声明包含以下三点:

第一点: 这个产品是"营养全面且均衡"(complete and balanced),还是只能作为"补充性食物"(supplemental feeding)?

第二点: 这个产品适合于哪个年龄段的动物?

动物的怀孕/哺乳期、生长期及成年动物维持期,对营养的需求是不同的,我们应该选择为该年龄段狗狗专门设计的食物。有些主人可能会选择全年龄段的粮食。根据AAFCO的规定,一个产品想要写上"满足全年龄段"的标志,就必须满足对营养需求最大的年龄段狗狗的要求,也就是怀孕/哺乳期以及生长期。这种产品往往能量偏高,如果长期喂给成年动物或是老年动物,则容易导致肥胖,所以一般不建议买全年龄段的粮食,成年动物还是买专门针对成年动物的粮食最好。遗憾的是,AAFCO并没有对老年动物的营养需求做出规定,所以针对老年动物的产品一般也是写着"满足成年动物维持需求"。

第三点: 这个产品是怎么设计出来的?是依靠电脑软件制作的(formulated),还是通过动物饲喂实验(feeding trials)制作的?

AAFCO对饲喂实验有诸多要求,需要测试动物健康、适口性、消化程度等。一般来讲,在其他指标没特殊差异的时候,更推荐购买经过动物饲喂实验设计出来的粮食。

虽然AAFCO不是完美的，但在宠物食品种类繁杂的今天，它不失为一个优秀的参考。

无谷粮

备受一部分宠物主人青睐的无谷粮又是什么来头呢？它真的比其他狗粮更好吗？打着"无××"的营销方式似乎备受消费者的喜爱，比如无糖、无脂、无添加剂，消费者会将其与"健康""优质"联系在一起。在宠物食品公司的大力宣传下，越来越多的人开始认为"无谷物"的狗粮更优质、更健康。然而事实真的是这样吗？无谷粮到底能不能吃？

宠物食品中常用的谷物包括大麦、荞麦、玉米、燕麦、藜麦、大米等。藜麦、燕麦更是被视为人类的"健康食品"，对狗狗来说也是如此吗？无谷粮又是因何产生的呢？因为有的狗狗对谷物过敏，无谷粮最初的产生是为了让这些狗狗可以吃上不会导致它们过敏的食品，用土豆、红薯来替代可能使狗狗过敏的谷物。

其实，更常见的过敏原为动物蛋白，对谷物过敏的狗狗仅是少数，但是为什么如今的市场上却随处可见无谷粮的身影呢？

无谷粮的"崛起"

对谷物过敏的动物因吃了含有谷物的粮食而产生了不良反应，后经过口口相传，越来越多的人开始认为谷物是导致狗狗疾病的罪魁祸首。再加上一些宠物食品公司为了在几乎饱和且竞争非常激烈的宠物食品市场分一杯羹，他们开始大力宣传无谷粮的优越之处，

谷物被宣传成为毫无营养的"填料成分"（filler ingredient），无谷粮也因此越来越受消费者的欢迎。

饱受争议的无谷粮

无谷粮就这样"风平浪静"地备受消费者的喜爱，直到2018年7月美国食品药品监督管理局（FDA）的介入。

扩张性心肌病（dilated cardiomyopathy，DCM）是一种受遗传基因影响的疾病，该病会降低心脏输送血液的能力。狗狗患上DCM的后果，与犬种和被诊断出时疾病的发展程度有关。DCM在一些犬种特别是大型犬和巨型犬中更为常见，比如杜宾犬、大丹犬、纽芬兰犬、葡萄牙水猎犬、拳师犬、可卡犬、爱尔兰猎狼犬。随着医疗的进步和营养的改进，该病的患病率在21世纪初已经开始得到改善。

然而，近年来该病的患病率又开始增加，并且患病报告中出现了一些以前不常见的品种，比如金毛、拉布拉多。而那些患病动物大多都是吃着无谷粮或是包含豌豆、小扁豆、土豆或番薯的宠物粮。这一发现引起了兽医界和FDA的关注和重视，并开始调查其潜在的关联。虽然说无谷粮是否会直接增加DCM的概率还在调查中，但这种关联是不可忽视的，需要我们警惕。

谷物粮真的不可取吗？

当然不是啦！谷物饱含丰富的营养，包括高品质的蛋白质、碳水化合物、必需氨基酸、纤维素、维生素和天然的抗氧化物。有人可能以为一些谷物比如玉米和小麦是难以消化的，但是通过食品加工过程中的碾磨和烹饪，这些谷物的消化率很高并且是容易吸收的。所以，为了自家狗狗的健康，如果狗狗不对谷物过敏，是完全没有必要购买无谷粮的。

生骨肉

近年来，给宠物狗饲喂生骨肉越来越流行，支持喂生骨肉餐食的主人认为，喂食生骨肉可以改善宠物的皮毛、清洁牙齿、提升食物消化程度。虽然科学研究发现，以生肉为餐食确实有更高的消化度，但是实验中的其他狗食（熟肉或传统颗粒狗粮）也都有较高的消化度。喂食生骨肉有助于清洁牙齿，减少牙结石的观念确有文献支持，但是更多的文献表明，给狗狗啃食骨头有造成口腔受伤、磕断牙齿、划伤胃肠道，以及卡在肠道中只能通过手术移除的风险。至于改善狗狗皮毛，在实验方面并不能得出此结论，科学家们仅仅发现了喂食生骨肉对宠物的皮毛没有不好的影响。

喂食生骨肉给宠物带来的好处微乎其微，更多的实验证明，喂食生骨肉不利于宠物健康，也会对家人的健康造成不好的影响。比如，许多生骨肉中可能存在的如沙门氏菌之类的致病细菌甚至寄生虫卵，可能会让狗狗或家里人（特别是小孩、老人或其他免疫力低下的人群）饱受其害。狗在通过舔自己的毛发梳毛时，更会将口腔中留存的致病细菌散布到环境中。若生骨肉配方没有经过专业的兽医营养师指导，食谱就无法给狗狗提供全面且均衡的营养，对狗狗的长期健康产生不良影响。比如，如果将肝脏作为主食，很容易造成维生素A摄入过量；如果食物中磷过量，则可能导致副甲状腺机能亢进；如果钙、磷、维生素D等营养物质含量过低，则容易导致骨质化不足，这对发育期的狗狗十分不利。需要注意的是，不只是生骨肉可能会导致狗狗营养不均衡，一些不靠谱品牌的狗粮和"自制粮"都可能存在这种问题。由此可见，选择正规品牌的狗粮是多么重要。

综上所述，喂食生骨肉的弊远高于利，所以很多机构和兽医，包括美国兽医协会（AVM）、加拿大兽医协会（CVMA）、美国食品药品管理局（FDA）都发表过声明，反对给宠物喂食生骨肉。

关于生骨肉，你想知道的那些事

• 狗是由狼演变的，狼在野外吃生骨肉，为什么狗狗却不能吃？

首先，和人们通常以为的"狼只吃肉"不同，狼还会吃素！研究发现，虽然狼吃素的总量不是很多，但是它们仍然会吃一些草、树叶或是野莓。

其次，通过15000~33000年的自然演化和人工筛选，狗和狼不但长相不同了，身体构造也发生了改变。狗比狼多3个帮助消化淀粉的基因，正是因为这3个基因，狗消化淀粉的能力比狼强很多。这种变化也是漫长的自然选择的结果，目的是让狗更加适应人类多食淀粉的生活习惯。

再次，虽然狗和狼都会吃含有蛋白质、脂肪及碳水化合物的食物，但是它们偏爱的比例不同，相比于狼，狗更偏好于脂肪和碳水化合物占比高的食物。

最后，狼有着"纯天然"的生活方式，但因为捕食生肉，它们也饱受寄生虫和疾病的困扰。比如，灰狼在野外的平均寿命只有5~6年，而在友好饮食的环境下，可在圈养环境中生存15~20年。

现代的狗与狼相比，身体构造、基因及生活习惯都有不同，自然在食物上也应该与狼区分开来了。

- 狗狗胃肠道的酸碱值对致病菌有什么影响？

狗狗胃里正常的酸碱值确实很低，仅为2左右，与人类胃里的酸碱值类似，在此酸碱值的环境下，沙门氏菌等诸多致病菌是无法生存的。狗狗胃里的酸碱值会在其进食后变高（酸性减弱），有利于致病菌在胃里存活，当细菌到达肠道（酸性更弱）中时，它们也就到达了更加适宜繁殖的地方。当狗狗把这些致病菌排泄出去后，就会污染周围的环境，对人和其他动物造成危害。

- 喂食生骨肉的风险程度会"因狗而异"吗？如果我家人和狗狗都很健康，是不是就可以喂食生骨肉了？

喂食生骨肉的风险确实会"因狗而异"，但在任何情况下都不推荐喂食生骨肉（作为主食或是零食），因为生骨肉中可能会存在致病菌，如果你家中有以下人群和动物，请不要给狗狗喂食生骨肉：

- 家里有婴儿、老人或是免疫力低下的人；
- 家里有会去拜访医院或者养老院的人；
- 狗狗自身或家里其他宠物非常年老或免疫力低下；
- 处于生长期的小狗。

- **人类做饭时也会接触生肉，为什么给狗狗喂食生肉会变得危险？**

人类吃的肉大多是经过高温处理的，而给狗狗喂食的生骨肉没有经过高温，潜在的致病菌会被狗狗直接吃掉。我们在做饭时会有处理生肉的过程，正因为此，勤洗手、不要让洗过生肉的水飞溅、用不同的菜板分切生肉或熟食的做法被广泛推荐。

- **我觉得给狗狗吃生骨肉更健康，有什么方法可以降低风险呢？**

因为喂食骨头有造成口腔受伤、磕断牙齿、划伤胃肠道，以及食物卡在肠道中只能通过手术移除的风险，所以并不推荐。如果在权衡了利弊之后，主人依然坚持要给狗狗喂生肉，请注意以下几点，可以在一定程度上降低喂食生肉的风险：

- 从正规渠道购买生肉；
- 解冻生肉的时候应该将肉放在密封的容器中，置于冰箱中，且不与其他食物接触；
- 解冻后的生肉应该立刻使用；
- 生熟分家，专门准备一份加工生肉的菜板和刀具；
- 接触过生肉的设备表面需要立刻清洗；
- 在加工完生肉后应立刻洗手；
- 致病菌会在生肉里大量繁殖，任何没有被吃完的生肉都应该扔掉；
- 狗狗的饭盆和水碗应该经常清洗并消毒；

- 在处理狗狗粪便时要格外注意。
- 除了给狗狗啃骨头，还有其他减少牙结石的方法吗？

在科技发达的今天，有许多更加安全的产品可以帮助狗狗保持口腔健康。这里我给大家推荐的是经过VOHC认证的产品，包括洁牙狗粮、狗咬棒、饮用水添加剂、牙膏、牙刷等。当然，没有VOHC认证的产品并非没有效果。

需要注意的是，就算狗狗使用了洁牙产品，也需要定期到专业兽医那里进行全口检查和必要的治疗。

自制粮

或许是因为狗狗身体的特殊原因没有找到合适的商业粮，或者因为享受给狗狗亲手做饭的感觉，有一些主人会选择给狗狗做自制粮。这里的自制粮是指经过加热处理的，有别于生骨肉的粮食，因此大幅降低了狗狗和家人感染治病菌或者寄生虫的风险。

自制粮的优点在于可以根据狗狗自身的情况量身定制，而且狗狗也能吃到新鲜的食物。一些主人也会因为自己选购狗狗的食材而倍感安心。然而，给狗狗喂自制粮也是有风险的，营养不全面、不均衡就是一个很大的问题。

包括中国在内的很多国家都会定期更新并发布居民膳食指南，目的是让居民吃得全面，活得健康。越来越多的人在寻求专业营养学家的帮助来为自己和家人制定食谱。狗狗也不例外，它们的健康也需要全面且均衡的营养。遗憾的是，科学家们在调查了网络上很多广受欢迎的狗狗自制粮食谱后，发现它们在一些营养成分上都有缺乏或超标，如果狗狗长期吃按照这些食谱做出来的自制粮，很容易出现各种的健康问题。小狗因为处在高速发育的阶段，更容易出现因为营养不均衡或不全面造成的健康问题。营养全面是指食物中包括了所有身体需要从体外补充的营养成分，营养均衡是指这些营养是按照狗狗的身体需求严格配比的，全面和均衡缺一不可！

难道说狗狗不能吃自制粮了？当然不是！如果确实有需求，主人们可以向兽医或执照的兽医营养学家（board certified veterinary nutritionist）咨询，他们会根据狗狗的生理阶段、健康情况、生活习惯等各方面综合考虑，给狗狗制定一个科学健康的食谱。有了这个食谱还不行，因为自制粮营养失衡的一大原因是主人没有严格按照食谱指南来加工食物，所以主人一定要按照兽医给的食谱严格把控做饭流程哦。

🐾 狗狗到底该吃多少？

身材评分

身体质量指数（BMI），是用来衡量一个人胖瘦程度的参考标准。很多疾病都和肥胖有关，肥胖会提高心血管疾病、2型糖尿病、关节炎、高血压的发病风险。和人类一样，肥胖也会给动物的健康带来负面影响，肥胖的狗狗也更可能短寿。帮助狗狗维持理想体重是需要引起主人们注意的。和BMI类似，衡量狗狗胖瘦程度的标准叫作身体状况评分（body condition score，BCS）。BCS主要是用来估计狗狗体脂含量的，可分为1~5分标准和1~9分标准。这两个标准虽然总分不同，但是评估方法都是一样的，分数越低的狗狗越瘦，分数越高则越胖。举一个例子，在5分标准里的3分（3/5）和9分标准里的5分（5/9）都是理想体形。

给狗狗的体形打分，是计算狗狗每日热量摄入量的重要部分。

给狗狗的体形打分主要包括观诊（狗狗看上去怎么样）和触诊（狗狗摸上去怎么样）两部分。主人需要先从上往下看站立着的狗狗，观察它是否有腰线，然后从侧面看是否有腹部曲线。接下来，主人就可以用手触摸狗狗的肋骨、脊柱及骨盆，查看有多少脂肪覆盖了。

综合以上的所有信息，主人可以按照下面的标准来给狗狗打分数了：

• 1/5或1/9分：狗狗的肋骨、脊柱、骨盆从稍远处轻易可见，没有可以检测到的脂肪，有明显的肌肉量减少。有非常明显的腰线和腹部曲线。

- 1.5/5或2/9分：狗狗的肋骨、脊柱、骨盆肉眼轻易可见，没有可以触摸到的脂肪，有少量肌肉量减少。有非常明显的腰线和腹部曲线。

- 2/5或3/9分：狗狗的肋骨、脊柱、骨盆肉眼有些可见，但在触摸时只有一层很少的脂肪覆盖。有明显的腰线和腹部曲线。

3

- 2.5/5或4/9分：狗狗的肋骨、脊柱、骨盆不太可见，只有少量脂肪覆盖。有明显的腰线和腹部曲线。

- 3/5或5/9分：狗狗的肋骨、脊柱、骨盆有中等程度的脂肪覆盖。有明显的腰线和平稳的腹部曲线。这是狗狗们最理想的体重水平，也是主人们的目标。

5

• 3.5/5或6/9分：肋骨、脊柱、骨盆稍有过度的脂肪覆盖，触摸时不太容易摸到骨头。腰线不太明显但不突出，依然可以看到腹部曲线。

• 4/5或7/9分：肋骨、脊柱、骨盆有过度的脂肪覆盖，需要用力按压才能摸到骨头。腰线几乎不可见，腹部曲线可能还可见。

• 4.5/5或8/9分：肋骨、脊柱、骨盆有很厚的脂肪覆盖，要用很大的力气按压才可以摸到骨头。腰线和腹部曲线都不可见。

• 5/5或9/9：肋骨、脊柱、骨盆有非常厚的脂肪覆盖，使劲按压也摸不到骨头结构，腹部曲线和腰线反向突出，狗狗的脖子和四肢都有过多的脂肪覆盖。

有些主人把养肥狗狗当作喜爱宠物的表现，这是不对的！**让狗狗保持健康的体形才是宠爱狗狗的最高标准**，因为这样的狗狗可以活得更开心、更健康，也能陪伴爱它的主人更长时间。

🐾 如何计算狗狗每天需要吃多少?

许多狗粮包装上会写明狗狗的体重与应吃食物的关系，衡量单位可能是克数也可能是杯数。不可否认，参照喂食量指南比让主人自行决定喂养量更科学一些，但是想要更精确地判断狗狗所需的热量，还需要综合狗狗的体重、身材评分、生长阶段、绝育情况和生活习惯来决定。

我们需要知道狗狗每日的静息时能量需求（resting energy requirement，RER）。无论狗狗是什么身材，计算RER都可以用以下公式：

$$RER = 70 \times BW^{0.75}$$

式中，RER的单位是千卡/日，BW的单位是千克。然而，BW并不一定是狗狗当下的体重。

－ 如果狗狗的身材评分是4/9~5/9，也就是标准体重，那么这里的BW就是狗狗当下的体重。

－ 如果狗狗的身材评分>5/9，也就是超重了，这里的BW应该使用狗狗的"理想体重"。理想体重是由狗狗当下的体重和狗狗的体脂含量决定的。

• 对于一只身材评分为5/9的狗狗来说，它的体脂有20%，按照每增加1分，体脂百分比就会增加5%来说，身材评分为6/9的狗狗体脂为25%，评分7/9的狗狗体脂为30%，8/9的狗狗体脂为35%，9/9的狗狗体脂为40%以上。知道体脂后，用100%减去体脂可以得出净体重的百分数。比如，体脂为25%的狗狗净体重百分数为100%-25%=75%；体脂为30%的狗狗净体重百分数为100%-30%=70%。

• 按照公式：理想的体重（千克）= $\dfrac{\text{净体重百分数} \times \text{当下体重（千克）}}{80\%}$，可以得出狗狗理想的体重（千克）。这里的80%是在正常体脂下的净体重百分数。

举一个例子，如果一只狗狗当下体重为10千克，身材评分为6/9，那它的理想体重是多少呢？

根据上文可知，身材评分为6/9的狗狗体脂为25%，其净体重百分数为100%-25%=75%，所以这只狗狗的理想体重（千克）= $\dfrac{75\% \times 10（千克）}{80\%}$ = 9.375（千克）。

• 将理想体重代入公式，就可以计算出狗狗需要的RER了。

－ 如果狗狗的身材评分<4/9，也就是说过瘦了，在计算RER时，BW也需要使用理想体重。

需要注意的是，身材评分系统在幼犬中并不是很准确。幼犬在成长过程中需要保持4/9~5/9的身材评分，即便如此，狗狗也可能因为生长过快而不利于健康。

在确定了狗狗的RER后，就可以根据狗狗的具体情况来决定狗狗的每日能量摄取（daily energy requirement，DER）了！

孕期和哺乳期的狗狗

如果狗妈妈孕期太瘦（身材评分<4/9），无法满足小狗在子宫里生长的营养需求，则可能导致流产、死胎等。生下来的小狗也可能体重过轻，免疫力低下，更容易患病或死亡。如哺乳期的狗妈妈太瘦，则其产奶量也会降低，对小狗的成长不利。

如果狗妈妈太胖（身材评分>5/9），其受孕率可能会降低，胎儿可能过大，造成难产，既威胁到狗妈妈的生命安全，小狗也可能因为生产时间过长而缺氧死亡。过胖也会使狗妈妈的产奶量降低，使小狗的死亡率增高。

由此可见，对于孕期和哺乳期的狗狗来说，保持理想的身材评分非常重要。

狗狗的孕期大约为63天。在自然情况下，狗妈妈在怀孕第5~6周才会增加体重，因而主人不应该在此之前增加狗狗的食物量，这个时期的胚胎发育并不会消耗很多的能量，过早地增加食物量只会让狗妈妈长胖，导致过胖产生的诸多问题。一般来讲，在怀孕前5~6周，狗妈妈只需要正常饮食就可以了，每日能量摄取为RER

的1.2~1.5倍；在怀孕的最后3周，狗狗的每日能量摄取应该增加到RER的2~3倍，此时狗妈妈的肚子越来越大，主人应该安排狗妈妈少吃多餐。

狗妈妈在开始产奶后，进食量会大幅增多，并在生产后的第三周达到顶峰。与此同时，狗妈妈的体重也会降低，因为产奶消耗了巨大的能量，主人应该让哺乳期狗妈妈的体重稍高于理想体重，使其身材评分达到6/9~7/9，但切记不可太胖了！一般来讲，狗妈妈在哺乳期的每日能量摄取取决于生了几只小狗。如果生了1只，则每日能量摄取为RER的3倍；如果生了2只，则是RER的3.5倍；3~4只为RER的4倍；5~6只为RER的5倍；7~8只为RER的5.5倍；大于9只为RER的6倍以上。

除了每日能量摄取在孕期和哺乳期需要严格控制外，狗粮也一定要满足孕期和哺乳期狗狗的营养需求。按照前文提到过的AAFCO规定，狗妈妈应该吃适合"生长、妊娠、哺乳期"及"全年龄段"的狗粮。

生长期的幼犬

一般来说，小狗在3~4周龄时断奶并开始吃幼犬食物，在7~8周龄时才可去往新家。在断奶期间，主人可以将幼犬粮在水中泡软后再给狗狗吃。生长期的狗狗需要的营养也和成年犬不同。按照前文提到过的AAFCO规定，断奶后的小狗应该吃适合"生长、妊娠、哺乳期"及"全年龄段"的狗粮。

一般来讲，成年体重在25千克以下的小型和中型犬会在4个月大的时候达到成年体重的50%；而对于成年体重大于25千克的大型和巨型犬，则需要5个月甚至更长的时间才会达到成年体重的50%。

为了保证幼犬的能量及营养需求，又不因为营养过剩造成其他的健康问题，一般认为，在狗狗达到50%成年体重之前（4~5个月），每日能量需求为RER的3倍；而在4~5个月之后，每日能量需求可以降低到RER的2倍，直到达到成年犬的体重；达到成年犬的体重后，就可以把每日能量需求降为RER的1.3倍。

一般来说，小型犬可以在一岁大的时候开始吃成犬粮，但是大型犬和巨型犬因为生长期更长，主人应该避免过早地给它们换成成犬粮，应等到狗狗一岁半到两岁时再更换。

营养不良会减缓狗狗的生长发育，营养过剩使狗狗长得过快，则会造成骨骼发育异常，甚至缩短寿命。举个例子，如果钙摄入不足，会影响狗狗骨骼发育；如果在吃全价幼犬粮的同时额外给狗狗补钙，也会因钙过量导致狗狗骨骼发育异常。所以，给狗狗喂食营养补充品之前，一定要和狗狗的兽医沟通，不要擅自决定。

成年犬

根据AAFCO的规定，成年犬可以吃"生长、妊娠、哺乳期""全年龄段"以及"成年犬"的狗粮。生长、怀孕和哺乳是狗狗一生中能量消耗较多的阶段，标为"全年龄段"的狗粮一定也是能满足能量消耗最高阶段的需求的。前两种狗粮的能量密度很高，成年犬喂食此粮很容易导致能量过剩，引起肥胖，因此我建议主人们优先考虑给成年狗狗吃"成年犬"狗粮。

宠物肥胖非常普遍。2018年预防宠物肥胖协会的调查显示，全美国有超过55.8%的狗狗身材评分为6/9及以上。导致狗狗肥胖的原因有动物和人类两种因素。动物因素包括基因、品种、年龄、性别和绝育情况；人类因素包括粮食种类、喂食方法、狗狗的运动量、家庭情况和主人的态度等。其中动物因素只占3%，而人类因素占97%。所以，狗狗肥胖与否的大部分因素还是由主人决定的！

肥胖会给狗狗带来很多问题，如心脏问题、呼吸问题、皮毛问题、关节炎、运动量降低等。过多的脂肪会分泌很多和炎症相关的物质，使得肥胖成为"慢性的低等级炎症"，给狗狗的健康造成不小的威胁。除此之外，肥胖还会降低狗狗的生活质量并缩短狗狗的寿命。

一般的家庭犬普遍运动量较小，对于身材评分在4/9~5/9且绝育了的狗狗来说，每日能量需求为RER的1.3倍。如果没有绝育，每日能量需求会高一些，大约是RER的1.4倍。如果是工作犬，根据工作量的多少而异，一般情况下，每日能量需求是RER的2~3倍，甚至更高。

老年犬

目前，AAFCO还没有针对老年犬狗粮的规定，所以市面上的老年犬狗粮，无论能量密度还是营养成分都千差万别，给"铲屎

官"的选择带来不小的挑战。再加上老年犬多有不同的健康问题，同一款狗粮并不适合所有同年龄段的狗狗。一般来讲，狗狗会在7~11岁时更容易长胖，在11岁之后更容易体重减轻，主人可以据此调整狗狗的每日能量摄取量。

至于添加在老年犬狗粮中的补充品，比较有科学依据的成分有：鱼油（ω-3脂肪酸中的EPA和DHA）、葡萄糖胺、硫酸软骨素，以及绿唇贻贝提取物。ω-3脂肪酸有抗炎功能，而ω-6脂肪酸有促炎功能，这两种成分都很重要，产生和消除炎症是维持身体健康的重要部分；葡萄糖胺和硫酸软骨素有抑制软骨退变的功能；而绿唇贻贝提取物有增加其他营养成分吸收利用的效果。需要注意的是，任何保健品都不宜摄入过多，建议主人和兽医沟通后再给狗狗喂食。

🐾 如何给狗狗"减肥"？

如果狗狗每日吃着1.3倍RER的能量会长胖，是不是只要降低能量摄取就好了呢？比如每天只喂1.0倍RER的能量，甚至更低？当然不是啦！

对于需减肥的狗狗来说，只有能量需要降低，而其他的营养成分如蛋白质、必需氨基酸、必需脂肪酸、维生素和矿物质的需求都是不变的。因此，如果不改变狗粮的种类，只单纯地减少喂食量，会导致狗狗营养不良，容易造成很多疾病。对于需要减肥的狗狗来说，主人需要给它们选择一款专为减肥设计的狗粮（减肥处方粮），这样的狗粮能量密度低，又可以满足狗狗的饱腹感，专业的营养配比也可以保证狗狗营养充足。

在减肥期间，主人应该每周给狗狗称一次体重，保证狗狗每周减少的体重不超过减肥开始时最初体重的1%~2%。如果狗狗在每日能量摄取为1倍RER时减肥效果不佳，主人可以将每日能量摄取降低为0.9倍RER，如果一周之后体重还是没有变化，则可以减少到0.8倍RER，以此类推。如果狗狗减肥太快，超过了最初体重的1%~2%，主人则可以将每日能量摄取提高到1.1倍RER。

除了依靠饮食减肥，提升狗狗的运动量也是辅助减肥的好方法。有时间的话，建议主人多带狗狗出去走走吧！帮助狗狗减肥的同时自己也锻炼了身体。

🐾 快扔掉手里的量杯吧

许多主人都喜欢用量杯，甚至直接用眼估计给狗狗吃的食物量，这样是无法精确保证每日狗狗能量摄取的。每一款狗粮都有能量密度数据（千卡/千克食物），最精确的方法是使用厨房秤来量取狗狗每日所需的狗粮重量。我一般采用的方法是早上量出狗狗一天需要的狗粮重量，然后在根据需要分成几餐给狗狗吃完，这个方法既方便又准确，大力推荐哦！

🐾 每天应该给狗狗吃多少零食？

前文中提过，为了确保狗狗的健康，一定要给狗狗吃营养全面且均衡的食物。除了正餐外，狗狗也爱吃零食。给狗狗奖励美味的零食也是一种很好的训练方法。但是零食会影响狗粮中原本全面且均衡的营养组成，那么应该如何给狗狗吃零食呢？

一般来讲，狗狗每日通过零食摄取的能量不应该超过每日摄取能量总量的10%。举一个例子，如果你家狗狗每日需要从食物中获取400千卡的能量，那么零食供给的能量不应该超过40千卡。许多零食都会在产品包装背后标明能量值，在喂食动物时应加以注意。给狗狗喂零食不是不可以（毕竟谁能对狗狗那渴望的眼神说不呢），但是一定要适量，作为狗狗的主人，我们要对狗狗的健康负责。

除此之外，一些猫咪零食的能量更低，只要不超过每日能量摄入总量的10%，给狗狗吃猫咪的零食也是不错的选择哦。

🐾 多宠家庭怎么喂食？

如果家里有多只狗狗，共食一碗狗粮是不建议的，但就算分碗喂食，如果主人稍不注意，一只"捣蛋鬼"也可能会吃掉不属于自己的食物，从而给监控狗狗每日能量摄入造成困难。主人可以在喂食时把狗狗分开在两个不同的房间内，这样吃东西的时候就不会互相干扰，也能更方便准确地计算狗狗每日的进食量，避免一只吃得过多变得肥胖，而另一只吃得太少导致消瘦。

🐾 一定不能让狗狗碰的东西

狗狗因为贪吃经常会给自己和主人带来不小的麻烦，下面我们就来看看有哪些家中常见的人类食物是狗狗们完全不可以食用的吧！

不能吃的食物

葡萄和葡萄干

葡萄和葡萄干能造成狗狗严重的肾脏损伤。当肾脏损伤严重到一定程度时，肾脏滤除尿液的功能会减弱，狗狗体内的代谢废物因此无法被排出，如果救治不及时会导致死亡。葡萄和葡萄干对不同狗狗的影响差异很大，比如有的狗狗可能在吃了葡萄之后毫发无损，而有的狗狗在吃了同样多的葡萄后就会死亡，因此为了保险起见，主人不应该给任何狗狗喂食葡萄或葡萄干。

一般来讲，4~5个葡萄就会对一只小型犬造成伤害，大约450克的葡萄就能伤害一只大型犬；而对于葡萄干来说，每1千克体重的狗狗只能承受最多3克的葡萄干。因此，如果家里的狗狗误食了葡萄或葡萄干，一定要尽快带狗狗就医。

夏威夷果

夏威夷果中的哪种成分对狗狗有毒依然未知，但是狗狗在吃了这种坚果后（每千克体重一颗）会出现虚弱、疲乏、关节肿胀疼痛的症状。一般来讲，这些临床症状会在48小时之内消失，至今还没有因为吃了夏威夷果致死的确诊病例。如果发现得及时，主人可以带狗狗去医院催吐来减少坚果的吸收，从而减轻临床症状。

巧克力和茶

巧克力和茶中的甲基黄嘌呤（存在于咖啡因、可可碱、茶碱中）对狗狗是有毒的。黑巧克力和巧克力粉的毒性比牛奶巧克力高很多。而白巧克力因为不含甲基黄嘌呤，所以它对狗狗是无毒的。甲基黄嘌呤中毒的表现主要有坐立不安、呕吐、抽搐、呼吸加速、心跳加速、腹泻、多尿、心律失常和癫痫。

如果可以在狗狗误食巧克力之后的3小时之内带去医院治疗，一般来讲康复率是很高的。如果主人想在就医前估测一下情况是否紧急，可以使用以下的信息进行初步估计，但是如果不确定，直接给狗狗的兽医打电话会是一个很好的选择！

> 一般来说，大约20毫克/千克体重的甲基黄嘌呤就能让狗狗产生中毒反应。当食用量达到40~50毫克/千克体重时，狗狗就可能表现出很严重的中毒症状。当食用了超过3.5克/千克体重的黑巧克力或14克/千克体重的牛奶巧克力时，狗狗就有中毒的危险，需要尽快进行治疗。

木糖醇

为了在减少能量的同时保证食品或饮料的甜味，很多厂家都会在糖果、漱口水、牙膏和饮料中加木糖醇。遗憾的是，这种没有能量的甜味剂虽然不会影响人类和猫咪，对狗狗却是有毒的。在给狗狗选择零食或口腔清洁用品时，一定要选择不含木糖醇的产品。

木糖醇在狗狗体内的吸收非常快，通常在吃下之后的15~30分钟就会导致体内胰岛素浓度激增。然而木糖醇毕竟不是糖，激增的胰岛素对木糖醇并没有什么作用，只会导致狗狗体内血糖含量迅速降低，导致低血糖症。除此之外，木糖醇还会导致严重的肝脏损伤甚至死亡。如狗狗不慎误食木糖醇，主人一定要尽快带狗狗去医院就诊！

洋葱和大蒜

洋葱和大蒜中的二丙基二硫会破坏狗狗的红细胞。氧气是生命之源，红细胞在提供氧气方面起着非常重要的作用，因此当红细胞被损坏后，狗狗会出现贫血等症状，对生命造成威胁。因此，主人一定要避免给狗狗吃含有洋葱和大蒜的食物，如果误食一定要尽快就医！

除了上述人类食物外，还有一些家庭用品和人类药物，也是对狗狗有很大毒性的。

对狗狗有毒的家庭用品包括肥皂、洗涤剂。其中毒性最大的是碱性洗涤剂，如马桶清洁液、下水道清洁液和漂白液。对于一般的洗涤剂可以采用用水冲洗、给狗狗吃牛奶或鸡蛋白稀释、喂食活性炭等方法，但是如果是强碱洗涤剂，狗狗的存活率会非常低。值得注意的是，如果误食酸碱性强的洗涤剂，不可给狗狗催吐，因为在呕吐的过程中这些化学物质会对狗狗的食道及口腔造成严重的二次伤害。也不可擅自"用碱中和酸"或"用酸中和碱"，因为酸碱反应产生大量的热会加重狗狗的危险。为了预防这种情况，最好的方法是将肥皂和清洁用品放置在安全、不会被狗狗接触到的地方，以免误食。如果真的不幸误食了酸碱性强的洗涤剂，主人应该在使用上述急救方法的同时，快速带狗狗前往医院进一步治疗。

不要擅自将布洛芬和对乙酰氨基酚（又名泰诺）喂给狗狗。这两种药物在人类医学中很常用，几乎家家必备，有些主人误认为在狗狗生病时也可以吃上几颗，但是这两种药对狗狗的安全剂量的范围很窄，非常容易造成中毒！主人应该将这两种药品妥善放置，当狗狗生病时，也不要随便将人类药品按照人的计量喂给狗狗，毕竟物种不同，用药的差别是很大的。如果狗狗真的误食了这些药物，一般会采用催吐、洗胃、喂食活性炭，以及输液的方法来缓解中毒。

误食毒品后如何居家催吐？

如果主人无法及时赶到医院（超过1小时的路程），可以尝试在家用3%的过氧化氢给狗狗催吐，但这并不应该作为第一选择，因为医院有更安全的药物。如果在10~15分钟后狗狗没有呕吐，则可以再喂一次。用过氧化氢催吐的风险包括并不一定有效、会造成胃和食道不适，还有可能使狗狗吐出过氧化氢泡沫，损害呼吸系统。

需要注意的是，在某些情况下，主人一定不可以给狗狗催吐

的，这样的情况包括：狗狗已经呕吐过了、非常虚弱或神志不清、抽搐和癫痫、咳嗽能力下降、食道过大、误食的东西很尖锐、易挥发、误食物为强酸或强碱。

　　由此可以看出，在家给狗狗催吐的风险是很大的，如果医院离家不远，建议主人第一时间把狗狗交给专业兽医救治，不要在家浪费宝贵的时间。

第5章

读懂狗狗的身体语言

　　读懂狗狗的身体语言是了解狗狗、和狗狗建立起良好关系的第一步。现在让我们来看看狗狗表现各种情绪的肢体语言都有什么吧!

紧张害怕

　　当狗狗感到紧张或害怕时可能表现出以下姿态:

- 尾巴放低,夹在双腿中间;
- 避开眼神接触,露出眼白;
- 身体僵硬,背毛竖起,
- 耳朵别向身体后侧,
- 打哈欠,舔嘴唇。

警惕、具有攻击性

　　当狗狗进入警惕状态时,可能表现出以下姿态:

- 身体僵硬,背毛竖起;

- 尾巴高举并摆动（高频率）；
- 眼睛直视对方；
- 抬起嘴唇露出门牙并发出低吼。

调皮、想玩耍

当狗狗想要和主人或别的狗狗玩耍时，可能表现出以下姿态：

- 摆动尾巴；
- 前腿放低，撅起屁股（发出玩耍的邀请信号）；
- 做出一些看上去"傻傻"的可爱行为，比如疯跑。

开心、满足

当狗狗感到开心时，可能表现出以下姿态：

- 眼睛、耳朵和尾巴都处在比较放松的状态；
- 身体放松；
- 可能露出肚皮让你抚摸，并用舌头舔你。

最后想要提醒大家的是：摆动的尾巴并不总代表着狗狗很开心，也可能代表着狗狗感到警惕；狗狗打哈欠或舔嘴巴也并不总代表狗狗是困了或者想吃东西，还可能意味着狗狗感到害怕。

第6章

如何训练狗狗？

🐾 训练方式有哪些？

训练狗狗的方式可以分为4种：正强化、负强化、负惩罚和正惩罚。

正强化

给狗狗"增加"一些东西（正），以"增加"狗狗表现出某个行为的可能性（强化）。

- 比如当你叫狗狗的名字，它乖乖跑过来了，这时你给它一个奖励（正），那就增加了它再一次听到名字后就会跑过来的可能性（强化）。

负强化

给狗狗"减少"一些东西（负），以"增加"狗狗表现出某个行为的可能性（强化）。

- 比如你使劲拽套在狗狗脖子上的绳子，直到狗狗转头之后才松手（负），这会"增加"狗狗服从的可能性（强化），因为狗狗不愿意自己被勒着。

给狗狗"减少"一些东西（负），以"减少"狗狗表现出某个行为的可能性（惩罚）。

负惩罚

- 比如狗狗喜欢咬你的袖子，每次它咬时，你用手把狗狗轻轻拨开，可是却发现你越拨它越嚣张。因为狗狗把你拨开它的行为当作了玩耍，并不知道你是想推开它，它以为自己只要咬你袖子就可以得到你的关注。这时候你需要做的是完全无视狗狗，不给它关注（负），以达到减少狗狗咬你袖子的可能性（惩罚）。

给狗狗"增加"一些东西（正），以"减少"狗狗表现出某个行为的可能性。

正惩罚

- 比如当狗狗吠叫的时候拍打狗狗，它就不叫了（增加了"打"，减少了"吠叫"行为）。

为了保障狗狗的福利，维持并提升主人和自家狗狗的情感纽带，最好也是应最先被使用的训练方式是正强化，其次是负惩罚。负强化和正惩罚最好不要使用，这两种方法掌握不好会适得其反，让自家的狗狗更惧怕主人，在影响感情的同时，也降低了动物福利。

🐾 如何帮助狗狗社会化？

对小狗的训练远不止教它们如何"坐下"或"握手"那么简单。受遗传的影响，小狗出生后可能有各自的性情，但是后天的生长环境和教育才是塑造狗狗性格的关键。

小狗社会化是指让狗狗从小就积极正面地接触不同的事物、动物和人。良好的社会化训练可以帮助小狗成长为一只自信、不恐惧或凶猛的狗狗。小狗社会化的最关键时期大约从3周龄开始，到12~16周龄结束。如果错过了这个关键时期再进行社会化，虽然效果会变差，但依然比不社会化要好，只是需要主人更多的耐心。

过早和狗妈妈及同伴分开，对小狗的成长是不利的，所以购买的幼犬一般是在8~10周龄才能领回家。购买小狗的时候请选择会对小狗进行积极社会化的正规犬舍。小狗到家后，主人不应封闭狗狗，要多鼓励它在安全、可控的环境下接触不同的事物、动物和人。

虽然在家随时可以对狗狗进行社会化训练，但为了狗狗的健康，如果带狗狗外出进行社会化训练，一定要在狗狗在打完第一针疫苗（6周龄）后一周再开始。

和人相处

在狗狗3~16周龄大小时，主人应该在保证安全的情况下，鼓励小狗多和人接触。来自不同人的触摸和互动，有利于小狗对人产生良好的感情，避免狗狗长大后不必要的恐惧或凶猛。训练小狗和儿童的正面接触也很重要，但是主人一定要控制好分寸，避免小狗对儿童产生负面印象，否则会增加未来狗狗对儿童的恐惧。

和其他狗狗相处

在小狗未打完所有疫苗之前，一定要确保与之互动的狗狗是注射了疫苗并健康的。小狗和其他狗狗的第一次互动，一定要保证是正面和积极的，否则小狗很容易会产生对其他狗狗的恐惧。互动地点一定要是安全的，主人也一定要在一旁监控。如果是和成年犬互动，主人一定要先确保对方是一只冷静并对小狗友善的狗狗。

和其他事物接触

狗狗是一种神奇的生物，它可能会对人类常见的事务莫名其妙地感到恐惧，比如雨伞、空调或是吸尘器，因此，在狗狗社会化的关键时期，将这些事物通过积极的方式介绍给狗狗非常重要。

比如，如果狗狗很害怕雨伞，主人可以先把雨伞放在远处，让狗狗不会感到害怕。然后，慢慢地用食物引诱狗狗靠近雨伞，如果狗狗表现出害怕的表情，不要强求，一定要有耐心。等到狗狗愿意靠近雨伞之后，主人还可以继续用零食鼓励狗狗对雨伞进行嗅闻。随后，主人尝试缓慢打开雨伞再收起，期间再给狗狗夸奖和奖励。当狗狗意识到雨伞对它没有任何威胁，并且还能让自己获得零食时，它们就不会那么害怕啦。当狗狗还不能外出时，可以给它们播

放电视，将一些声音在安全的环境中介绍给狗狗，比如人们的交谈声，其他动物的叫声，还有汽车的声音等。

需要注意的是，为了保证社会化的成功，主人一定要使用"正强化"的训练方式，使用鼓励教育。"正惩罚"（比如打骂）的方法是不可取的。另外虽然在社会化的关键时期将尽可能多的事物介绍给狗狗非常重要，但也一定不要让狗狗感觉"压力太大"，因为社会化过度也是不利的。作为主人一定要把握好尺度。

🐾 带狗狗出门

很多狗狗在出门之后喜欢到处乱扯，此时主人最好随身携带一些掰碎的小零食。如果狗狗拉拽，你就止住脚步，然后让它们"坐下"（需要先通过正强化的方式训练这个指令），当狗狗乖乖看着你的时候，再给一点奖励和表扬！重复下去，狗狗就会听话很多，因为它们会把表现好和有奖励联系在一起，达到正强化训练的目的。

外出大小便

正强化方式也可以用于训练小狗在屋外大小便。如果狗狗在家里大便，一定要忍住怒火，不要训斥它们，收拾好残局就好了。但是一旦狗狗在你想要它们方便的位置大便，一定不要无视它们，要给狗狗大大的奖励（食物）和口头夸奖（正强化）！慢慢地，狗狗就会养成在指定地方大小便的好习惯啦。前面我提到过，小狗憋尿的能力有限，一般来讲，一个月的狗狗可以憋尿一小时，两个月的狗狗可以憋两小时，以此类推。为了狗狗的健康，不建议让狗狗憋尿超过8小时。所以，在狗狗还小的时候，主人一定要经常带它们出门大小便，多给它们表现并得到奖励的机会，这样才会更快地让狗狗学会在室外大小便。

🐾 狗狗疯狂"拆家"怎么办？

很多主人都有过类似的经历：出门办事回家后，发现原本"超乖"的狗狗早已把家弄得一团糟，鞋子被咬坏了，门被抓坏了，垫子也被撕碎了……

如果说这样的拆家行为偶尔发生一次可能还让人忍俊不禁，但如果这样的行为每天都发生呢？狗狗为什么会"拆家"呢？研究显示，狗狗未解决的分离焦虑所带来的经济和精神损失，是造成狗狗被主人遗弃的常见原因。这当然是我们不想看到的！因此可见，分离焦虑是需要主人重视的严肃问题。

狗狗"拆家"

🐾 如何缓解分离焦虑?

分离焦虑的表现

任何品种和年龄的狗狗都可能有分离焦虑。分离焦虑可能表现为在主人离家后持续吠叫或哼唧、流口水、来回踱步、快速喘气、拒绝食物或饮水、破坏周围的环境、在家随地大小便,甚至自残。这种表现可能在主人拿起钥匙或穿上鞋子时候就开始了,也可能在主人刚离家时开始。

首先，主人应该和兽医沟通狗狗出现的状况，看看是否有潜在的疾病导致了这些行为。其次，主人一定不要试图通过惩罚的手段来"治疗"分离焦虑，打骂狗狗不仅没有用，还可能加重分离焦虑。主人应该了解，狗狗的分离焦虑并不是因为不服从或不听话，而是因为源自心底的焦虑感。当狗狗有以上表现时，并不是为了"惩罚"或者"气"你，它们仅仅是试图通过这些行为来缓解自己没有主人陪伴的焦虑。

缓解分离焦虑的方法

主人不能无时无刻陪在狗狗身边，所以让狗狗适应自己在家是很必要的。

笼内训练

一些主人认为笼内训练（crate training）是残忍的，很多狗狗被关在笼子里后会大哭、大叫、疯狂抓挠或咬笼子，试图逃出来。然而，狗狗这样做是因为主人的训练方式不对。强行把狗狗关在笼子里对狗狗来说当然不舒服，不仅不能让它们放松，还可能让它们更加焦虑。应该让狗狗把笼子当作一个可以放松、休息的安全港湾。怎么才能让狗狗爱上笼子呢？

首先，主人应该让狗狗将笼子和开心美好的事情联系起来。比如，如果狗狗有一种喜欢的零食，主人可以平时不给狗狗吃，只有当狗狗进入笼子之后再给它吃，这样可以帮助狗狗将笼子和自己最爱的零食联系起来。主人也可以让狗狗在笼子内吃饭，或把它最喜

欢的玩具或狗窝放在里面，让狗狗把笼子当成自己休息的地方。笼内训练成功的关键在于不要把笼子强加在狗狗身上，而是让狗狗主动去选择笼子。

　　然而，尽管我们做了很多努力，但有的狗狗可能还是不会喜欢被关在笼子里，这时候可以尝试一些其他方法。

脱敏训练和食物奖励

　　很多狗狗会在听到钥匙被拿起或主人穿鞋的时候就开始焦虑不已，因为它们已经将钥匙声和穿鞋同主人离家联系起来了。这时候，主人可以尝试拿钥匙并穿上鞋但不出门，而是开始在家做饭或是看电视。你还可以将狗狗喜欢的零食加入其中，比如，你可以在离家时给狗狗喜欢的益智玩具或零食，这样可以帮助狗狗将离家的行为和正面的事物（食物）联系起来。

　　循序渐进的训练也很重要，主人可以先用上述方法尝试离家5分钟，然后延长到10分钟、15分钟，甚至更长，直到狗狗对你的离开感到放松。

体力运动和益智玩具

　　俗话说"一只很累的狗狗就是一只乖狗狗"，狗狗太累之后只想好好睡一觉。

　　运动可以是身体运动比如奔跑玩耍，也可以是大脑运动比如玩益智玩具。需要注意的是，还在发育中或是身体有疾病的狗狗不适宜进行太过剧烈的身体运动。

　　益智玩具可以使用嗅闻垫，将食物藏在垫子里让狗狗找，在起到慢食目的的同时也可以缓解狗狗的焦虑和无聊。嗅闻垫在很多地方都可以买到,也可以自己动手制作。主人还可以将好吃的零食藏在家里的角落让狗狗来寻找,帮助狗狗打发时间。

虽然运动无法根治分离焦虑,但可以缓解症状。如果你家狗狗有分离焦虑,在离家前不妨陪它们大玩一场。

玩耍

药物

以上方法并不能解决每只狗狗的分离焦虑,如果这些方法都没有用,兽医可以根据狗狗的情况开具一些缓解焦虑的药物。给狗狗吃药不完全是坏事,而是为了让狗狗和主人都可以在分别的时候更放松。

🐾 小狗乱咬人怎么办?

很多有幼犬的主人都抱怨过自家狗狗喜欢在玩耍的时候咬人,有时候还挺疼,到底该怎么办呢?

方法 1　不要把小于8周龄的狗狗领回家,因为在出生后的最初几周里,小狗会和妈妈及其他兄弟姐妹学到很多社会技巧,比如玩耍时要懂得分寸,不可咬得太重。如果过早地将小狗领回家,狗狗还没学会这些玩耍之道,更容易在新家和主人玩耍时"有失分寸"。

方法 2　主人一定要给狗狗提供种类足够的可以咬的玩具,硬的、软的、拉扯的、甩的、会叫的……这些玩具可以给狗狗提供一个释放自己想咬东西的欲望和探索不同事物的机会。

方法 3　主人在和小狗玩耍时,可以借用一下小狗在狗妈妈那里玩耍的"规则"。比如,当小狗咬疼主人时,主人应该立刻终止玩耍,并大喊"疼"或"停"(负惩罚),然后无视狗狗。当狗狗乖乖坐下，再重新开始玩耍。这个方法是在告诉狗狗：如果你在玩耍时把我咬疼了，我就不会再和你玩，所以如果你想继续玩，就得学会不咬我。不要在狗狗咬人的时候试图推开狗狗，因为推开的这个行为会被狗狗当作你在鼓励它，想要和它继续玩耍，这只会助长狗狗在玩耍时咬人的行为。

🐾 狗狗扑倒客人怎么办？

许多狗狗会在家里有客人到来时激动万分，跳上跳下。如果是小型犬还好，但如果是一只拉布拉多或者大丹犬，则很容易把客人撞翻在地，这当然是我们不想看到的。如果通过笼内训练，狗狗已经不排斥狗笼了，在客人到来之前，把狗狗关在笼子里是可以的，但并不只有这一种方法。

许多见到客人特别激动的狗狗，在主人回家时也会同样激动。平时在家中主人可以自己训练狗狗。如果狗狗在主人回家时狂跳，主人应该选择无视这样的行为，转过身去并叫狗狗"坐下"（负惩罚）。当狗狗安静下来乖乖坐下后，主人再给狗狗一些奖励，比如食物或爱抚（正强化）。如果狗狗又开始跳跃，则再重复上述方法，直到狗狗在主人回家不再跳上跳下为止。之后，当家里来客人时，主人可以提前叫狗狗"坐下"，并叮嘱客人也采取先无视狗狗

的方法，当狗狗安静下来之后，再让客人给狗狗一些奖励。

🐾 狗狗乱叫怎么办？

门口有人路过时会叫，门外稍有动静也会叫，喜欢乱叫的狗狗让很多主人倍感头疼。如何让狗狗安静下来呢？其中一个方法是减少诱因，比如，如果狗狗看见外面有人时会叫，那就关上窗帘；如果狗狗在听到外面有动静时会叫，那主人可以在家打开电视、播放音乐等，掩盖住外面的动静。如果诱因无法被避免，主人也可以通过奖励来减少狗狗的吠叫，比如在狗狗"安静""不叫"时给予它奖励。

想要使用奖励的方法训练狗狗，把握好时机非常重要。比如，当狗狗注意到外面的动静，但还没有叫时，主人就应该用奖励吸引狗狗的注意力，奖励要直到外面的动静消失。如果狗狗吠叫了，则不要给狗狗奖励。这样重复下去，狗狗就会将当外面有动静时自己不叫和正向的东西（奖励）联系起来。

需要指出的是，电击项圈会在狗狗吠叫时电击狗狗，起到阻止吠叫的作用，属于正惩罚的训练方法，是不应该使用的。

🐾 狗狗护食怎么办？

一些狗狗在吃东西时过分护食，它们可能会表现为低吼、吠叫甚至咬人，让主人头疼。一些主人会选择接受狗狗的行为，在狗狗吃饭时不接近它们。但是这种方法是有风险的，我们应该通过训练，让狗狗不再护食。狗狗之所以会护食是因为它们觉得你会去抢走它们的食物，所以训练狗狗不护食的中心思想就是让狗狗将"它们吃饭的时候有你存在"和"积极正面的事物"联系起来。

当狗狗在吃饭时，主人可以站在稍远的位置，轻声细语地和狗狗说话，与此同时给狗狗扔去一些零食，此时狗狗可能会停止吃饭去吃零食。当狗狗继续吃狗粮时，主人再重复上述过程。重复下去，狗狗会更能接受在自己吃饭的时候有你在旁边，毕竟有你在就有好吃的零食。

当狗狗可以接受你从远处看着它吃饭之后，主人可以在进一步，轻声细语地和狗狗说话，并投掷零食在狗狗身边，直到狗狗不再介意你靠近它。然后，主人慢慢缩短和狗狗的距离，直到狗狗可以在吃饭时欣然从你手中接走它最喜欢的零食。在这之后，主人可以把一只手放在狗碗上，另一只手给狗狗好吃的零食。重复。狗狗欣然接受后，主人可以稍微抬起狗碗，然后把零食放入狗碗中给狗狗吃。如此重复就可以加深狗狗将"你拿起它的碗"和"有好吃的零食"联系起来，达到狗狗不再护食的训练目的。

需要注意的是，以上步骤一定要循序渐进，不要急于求成。

🐾 如何让狗狗愉快地就医？

很多狗狗都害怕去医院，轻则吓得哆嗦，重则上吐下泻……这让主人和医护人员很头疼。而且，狗狗对医院的高度恐惧也降低了主人后续带狗狗去医院看病或进行预防性治疗的频率，这也给狗狗的健康埋下了很大的隐患。其实，狗狗害怕去医院的问题是可以缓解的。

近年来，一个相对较新的理念——"无恐惧"（fear free）应运而生，试图预防、减轻狗狗的恐惧和焦虑。

为了缓解、消除狗狗的恐惧，我们首先要认识到狗狗有多害怕。在就诊过程中，不同狗狗经历的恐惧、焦虑和压力程度可能不同，为了评估、量化不同的程度，就有了FAS（fear/恐惧、anxiety/焦虑、stress/压力）这个概念。按照程度的不同，FAS可以分为低、中、高三个等级。

经历着低等级FAS的动物可能会：舔嘴唇，在不困的时候打哈欠，在有人接近的时候转身或避免眼神接触……不过，这些动物依然会欣然接受与人的互动，以及好吃的零食。

经历着中等级FAS的动物除了会出现低等级FAS的行为，还会有：耳朵向后折，尾巴低垂，喘气等。这些动物只偶尔会接受递来的零食，虽然不排斥，但并不会主动和医院员工接触。

经历着高等级FAS的动物除了可能出现上述所有行为，还可能会：静止不动，发抖，尾巴夹紧，试图逃跑，吠叫，甚至试图咬人……在这种情况下，动物大多不接受任何食物，也不想和工作人员有任何接触。

就诊前

FAS程度是一个可以持续增强的过程，如果狗狗在就诊前就已经感到恐惧，那到达医院之后只会更糟糕。因此，若希望动物能以最小的恐惧程度到达诊所，主人平时在家时就要提前做一些准备。

如果主人只在要带狗狗去医院时才带狗狗坐车，那狗狗就容易将坐车和"可怕的医院"联系起来，可能还没到达诊所就已经很紧张了。对于狗狗来说，提前适应坐车也很重要。平时在保证狗狗安全的情况下，主人可以带狗狗出去兜风。狗狗适应了坐车之后，去医院也就没那么难了。

如果狗狗依然很惧怕去医院，主人一定要和兽医沟通，兽医可能会提前给狗狗开一点"放松药片"，帮忙缓解宠物出门就诊的焦虑。

就诊中

营造一个"无恐惧"的就诊环境。很多因素都会影响动物的FAS程度，如医院的环境、气味、刺眼的灯光、老旧荧光灯发出的嗡嗡声、打滑冰冷的诊断桌、医生穿的白大褂、其他动物在场，以及兽医、护士等医护人员和动物的相处方式……

动物对声音、气味和触碰非常敏感。和人类就医不同的是，动物们都不知道自己为什么被带到了陌生的地方。因此，除了外在环境因素，动物在就诊过程中接受到的关怀也尤为重要。对于害怕去医院的狗狗，可使用专门缓解狗狗焦虑的信息素。但需要注意的是，猫的信息素不可和狗的信息素混合。

在诊断过程中要注意，并不是所有狗狗都喜欢被抱在诊断桌上接受检查。如果宠物呆在地上时更放松，那兽医也可配合着在地上检查或治疗。若必须在诊断桌上检查，可用的一些缓解FAS程度的方法，包括在诊断桌上铺设易清洁且防滑的垫子。防滑这一点对缓解FAS尤为重要。另外，对于很多动物来说，被陌生人从正面直接抚摸或抱起是一件可怕的事情，很容易激起FAS，因此，医护人员在靠近刚进诊所的动物时也会从侧面面对动物，避免直视。

如果狗狗没有因病理原因而无法吃零食的特殊情况，那么，给前来就诊的宠物一点零食也是"收买"它们、降低FAS的好方法，因为这样可以帮助狗狗将"去诊所看兽医"和一些正面的东西（比如吃到平时吃不到的零食）联系起来，从而增加动物愿意来医院的可能。如果主人知道狗狗最爱吃什么零食，随身带一点去医院也是个好方法！

除此之外，"触摸梯度"也是"无恐惧"的一个重要理念。和人类一样，动物不喜欢突如其来的触碰，更别说是突如其来的疼痛了。为了缓解突然的打针或检查带来的恐惧，兽医会尝试在最初奖励零食时就开始抚摸猫狗，然后在保持触碰的过程中将手缓缓移向准备打针或检查的部位，并保持着零食的奖励，随后，兽医可以慢慢加重同一只手的力度，直到打针或检查完成。"触摸梯度"不仅能让动物避免受到惊吓，还让狗狗能够预测兽医的行为，在相对放松的情况下，动物可以慢慢接受抚摸及加重的力度。有的动物甚至可以在不被固定的情况下，一边吃零食一边打疫苗。

然而遗憾的是，有的动物哪怕使用了以上所有方法依然极度恐惧，这时兽医可能会考虑为动物注射一针"放松剂"，这既能缓和动物的焦虑，也能增加检查的准确性，还能保证医护人员的安全。

就诊后

离开动物医院之后，"无恐惧"的操作还需要继续。刚出院的狗狗可能对周围环境比较敏感，而有些宠物可能因为治疗（比如戴着夹板或刚做完手术）行动不便，狗狗身上还带有医院里的气味，回家后可能会试图奔跑，却发现不能做到；另外，如果家中有其他动物，也可能会"欺负"刚从医院回家的同伴……种种情况都可能

加剧动物的FAS程度。因此，刚回家时，主人应尝试先将刚就医的狗狗放在安静可控的安全环境中，让其慢慢适应和放松，之后再接触家中其他动物。

狗狗如果有过一次轻松愉快的看病经历，下次就诊时FAS的程度可能会更低。而那些有过极度恐惧的就医经历的宠物，之后再次就诊时的FAS程度会更高。因此"无恐惧"可以为动物的就诊实现良性循环。宠物不害怕了，主人和动物医院的工作人员也会更轻松，带宠物去医院体检或就医的意愿就更强，宠物接受到的检查也可能更细致全面，不会因为过度焦虑紧张而干扰检测结果。可见，"无恐惧"建立的良性循环会让每一方都受益。

说到底，宠物的恐惧、焦虑和压力能否被预防、减轻，人们能否轻松解决宠物就医的难题，成功的关键在于和宠物相处的人们。希望大家的狗狗都可以不再惧怕医院，甚至爱上医院也说不定呢！

🐾 我们应该怎样和狗狗接触？

犬只伤人事件是令人痛心的，如果人们掌握了正确的与狗狗交往的方式，很多不幸是可以避免的。

不要做这些	要做这些
• 不要直接摸一只陌生的狗狗，无论那只狗狗有多可爱	• 提前问主人自己是否可以摸这只狗狗，得到肯定的回答后，慢慢侧身接近，避免眼神直视，缓缓蹲下，从侧面伸出一只手让狗狗嗅闻，得到认同后再抚摸
• 不要粗暴地拥抱、亲吻、拉扯狗狗（比如耳朵和尾巴），很多狗狗不喜欢这些	• 人们和狗狗相处的时候要有分寸，抚摸要轻柔

　　许多狗狗并不是天生凶猛，有时是出于自我防卫而攻击人类。一般的狗狗在咬人之前都会给出警告，比如避开眼神、耳朵别向后侧、舔嘴唇、咽口水、打哈欠、喘气、夹尾巴、弓腰驼背等。如果人们忽视了这些警告，狗狗可能发出进一步的警告，比如龇牙、低吼、吠叫。如果人们继续无视则大概率会激发狗狗咬人的冲动。

　　需要注意的是，如果主人在狗狗发出警告时打骂狗狗，但并不移除对狗狗的威胁（比如一个过于热情的陌生人），狗狗可能会跳过一些警告，在不低吼、不吠叫的情况下就咬人。所以，当狗狗发出警告信号的时候，主人一定不要无视，移除潜在的威胁是保护狗狗和人最好的方法。

养狗第一课

第7章

老年犬的照顾

🐾 狗狗几岁算是老年了？

　　狗狗的平均寿命和体型有一定的关系。一般来说，小型犬超过11岁就算作"老年"了，中型犬是10岁，大型犬是8岁，而巨型犬满7岁就算是进入"老年"了。有一种流行的说法认为"狗的1年相当于人类的7年"，这并不是很准确的，因为狗狗在头两年的生长发育是很快的，而在两年之后发育会相对减缓。

狗狗的年龄	相当于人类的年龄
7岁	小型犬、中型犬：44~47岁 大型犬：50~56岁
10岁	小型犬、中型犬：56~60岁 大型犬：66~78岁
15岁	小型犬、中型犬：76~83岁 大型犬：93~115岁
20岁	小型犬、中型犬：96~105岁 大型犬：120岁

小型犬：体重<9.5千克；中型犬：体重9.5~22.5千克；大型犬：体重22.5~40.5千克

老年狗狗容易出现哪些问题?

和人类一样,狗狗进入老年之后身体上会因为衰老发生一些改变,更容易患上"老年病"。狗狗和人类有很多相似的"老年病",比如癌症、心脏疾病、肾脏/尿道疾病、肝脏疾病、糖尿病、关节/骨骼疾病、听力/视力丧失、认知损失/行为改变,以及体力下降、免疫力下降等。

作为主人的我们要注意自家狗狗的改变,如果它体重、性格、食量突然变化,或者一直拉肚子、呕吐,身上突然出现了肿胀、发烫或疼痛的包块等,主人一定要高度重视并带狗狗尽快就医!

和兽医合作的重要性

兽医和宠物主人的传统合作方式是:动物生病了再带狗狗就医,这就形成了宠物健康和兽医"金钱对立"的局面——当动物生病了,主人会伤心,兽医会开心;当动物不生病,主人会开心,兽医会伤心。

其实主人和兽医有一种更好的合作方法,以预防为核心:兽医和主人合作为宠物制订预防计划,减少动物生病的概率。这是兽医的目标,也该是主人的目标,因为这样的合作方法将兽医和主人变成了同盟,对宠物也更好——动物生病少了,主人开心,兽医也开心;动物生病了,主人伤心,兽医也伤心。在狗狗还年幼的时

候，主人应该和兽医沟通，为自家狗狗制定一个疫苗、除虫和体检计划。

狗狗每年的体检（包括查血），以及根据需要洁牙非常重要。每个个体的正常值都不同，所以在自家狗狗健康的时候就为它建立一个正常的参考值很重要。如果在狗狗年轻时你没有带它们去体检也不要急！现在体检也是有用的！随着年龄的增加，它们的衰老速度越来越快，除了每年的疫苗和常规驱虫，最好每年能进行两次体检，包括检查眼睛和耳朵、牙齿、心脏和肺部、神经，以及腹部触诊、营养咨询、血常规检查、甲状腺检查、尿液和粪便检查、莱姆病和心丝虫检验等。这样做可以在疾病刚开始时就发现它们！兽医也可以根据狗狗的具体情况提出一些有针对性的建议，让狗狗的老年生活更愉快。

🐾 我们能为衰老的狗狗做些什么？

生骨肉：有致病细菌污染的风险（冷冻无法杀死所有细菌，只会让它们休眠），并且营养不全面，鉴于老年动物减弱的抵抗力和对均衡营养的高需求，不建议老年狗狗吃生骨肉。

自制粮：加热过的自制粮虽然减少了细菌污染的危害，但很多食谱营养素并不全面，不建议给宠物食用。如果坚持给狗狗喂自制粮的话，请一定要和执业兽医营养师合作，他们会针对狗的年龄、身体状况等，制定合适的食谱。狗狗是无法通过食用蔬菜、水果来获得身体所需的维生素和矿物质的，所以额外的维生素和矿物质的营养补充品，是食用自制粮的狗狗不可或缺的。在为狗狗制作饮食的过程中，一定要谨遵兽医制定的食谱。如果有疑问，请一定要和兽医沟通。

每日梳毛：这是很重要的一点。老年狗狗行动迟缓，更不爱梳毛，所以作为主人的我们一定要耐心帮它们保持皮毛的健康。

每日刷牙：这也很重要！老年狗狗的口腔健康更容易出问题，而口腔疾病很容易引起其他的健康问题。

宠物楼梯：如果你家狗狗喜欢睡在床上或沙发上，为老年的它们准备宠物楼梯也是一个好主意，这样它们就不用费劲地跳上跳下了（否则更容易导致或加重骨头/关节问题）。

益智喂食玩具：为了帮助老年狗狗保持好的心理状态，我们要经常和它们做游戏。年老的它们可能无法做特别剧烈的运动，但是"精神运动"也很重要！我们可以使用益智喂食玩具，把喂食变成游戏，既可以帮它们打发无聊的时光，也可以锻炼大脑。

保持环境的稳定性：为它们营造一个低压力的环境很重要。如果主人不得不外出几天，建议不要将它们送去陌生的寄宿中心，最好可以让它们呆在自己家里，让朋友或专业的宠物照看人来家照护。需要注意的是，在狗狗老年后，领养另外一只狗狗也是一个新的压力来源，"铲屎官"们一定要注意哦。

衰老不是疾病，它只是一个正常的生理过程。虽然一些"老年病"无法治愈，但如果早发现早治疗，大多是可以被控制的。

🐾 如何说再见？

　　和陪伴我们十多年的狗狗说再见，是一件很难过的事，作为主人的我们在悲伤的同时还得为狗狗最后的旅程送上一程。对于狗狗来说，生活质量比生命长度更重要。如果狗狗患了绝症，各种治疗方法也无法有效改善病情，那对狗狗来说安乐死可能是最好的决定。在狗狗走后，作为主人，我们感到难过、空虚、痛苦都是很正常的，接受自己的难过，并和值得信赖的人分享自己的感受，可以缓解情绪。一些主人会选择在狗狗去世后，以狗狗的名义给动物救助机构捐款，以此纪念狗狗，这些都是很好的方法。但最重要的是，主人应该选择让自己最舒服的方式与狗狗说再见，不要勉强自己。

　　最后，感谢你给了狗狗快乐幸福的一生！

写在最后

从我记事起，家里就一直有很多小动物，它们陪伴着我度过了成长的岁月，成为我生活中重要的一部分，成为一名动物医生的梦想在那时便开始萌芽。高中时期，我开始参与流浪动物救助，最初是在小区楼下救助流浪猫，为它们搭窝，后来在大学里，我带着流浪猫狗进行绝育，并帮助它们寻找领养家庭。在这个过程中，我遇到了各种各样的人，经历了失望、痛苦和难过，但也有很多开心和感动，只为了能帮助到更多的小动物。这些经历让我更加坚定了成为一名动物医生的决心，希望能用自己所学的知识帮助更多的动物。

于是，在大三时，我决定独自一人前往加拿大，开始了我的"追梦"之旅。在滑铁卢大学拿到生物专业学士学位后，我来到圭尔夫大学攻读动物行为与福利的硕士，然后在2019年考上了世界排名第五、加拿大排名第一的安大略省兽医学院，2023年我拿到了临床兽医博士的学位和该省的兽医执照并开始工作。如今我已经在加拿大生活了近十年，期间，我一直没有忘记那些在国内的猫咪和狗狗们。从某种意义上讲，没有那些与它们共同度过的时光，就没有今天的我。

我将这些年来积累的养狗知识和经验写进了这本书，希望能为正在养狗或考虑养狗的人提供帮助，帮助爱狗的你在养狗路上少走些弯路。

刘榛榛

2025年1月

图书在版编目（CIP）数据

养狗第一课 / 刘榛榛编著. -- 北京：中国纺织出版社有限公司，2025.8. --（我爱萌宠）. -- ISBN 978-7-5229-2461-8

Ⅰ. S829.2

中国国家版本馆CIP数据核字第2025GS2601号

责任编辑：范红梅　　责任校对：王蕙莹　　责任印制：王艳丽

中国纺织出版社有限公司出版发行
地址：北京市朝阳区百子湾东里 A407 号楼　　邮政编码：100124
销售电话：010—67004422　传真：010—87155801
http://www.c-textilep.com
中国纺织出版社天猫旗舰店
官方微博 http://weibo.com/2119887771
天津千鹤文化传播有限公司印刷　各地新华书店经销
2025 年 8 月第 1 版第 1 次印刷
开本：880×1230　1/32　印张：4
字数：80 千字　定价：49.80 元
